Kamel Belhamel

Dérivés des Calixarènes

AF190447

Kamel Belhamel

Dérivés des Calixarènes

Applications à l'extraction de l'or et de l'argent

Presses Académiques Francophones

Imprint
Any brand names and product names mentioned in this book are subject to trademark, brand or patent protection and are trademarks or registered trademarks of their respective holders. The use of brand names, product names, common names, trade names, product descriptions etc. even without a particular marking in this work is in no way to be construed to mean that such names may be regarded as unrestricted in respect of trademark and brand protection legislation and could thus be used by anyone.

Cover image: www.ingimage.com

Publisher:
Presses Académiques Francophones
is a trademark of
International Book Market Service Ltd., member of OmniScriptum Publishing Group
17 Meldrum Street, Beau Bassin 71504, Mauritius

Printed at: see last page
ISBN: 978-3-8416-3599-0

Zugl. / Agréé par: Setif, Université de Setif, 2004

A ma femme
A mes Filles : Chiraz, Houda et Yasmine
ma famille
A mes amis

Remerciements

*Cette thèse a été réalisée au laboratoire de recherche des matériaux organiques de département de Génie des Procédés, Faculté des Sciences et des Sciences de l'Ingénieur, Université de Bejaia sous la direction du Professeur **Mohamed BENAMOR** dont j'apprécie ses compétences scientifiques. Je tiens à lui exprimer ma reconnaissance pour son aide précieuse tout au long de ce travail de thèse. Il a toujours su se montrer disponible pour discuter les conditions de synthèse, les procédés d'extraction des métaux et les résultats obtenus. Je le remercie pour m'avoir conseillé, guidé et donné le goût de la recherche.*

*Je tiens à remercie le Professeur **Djafar BENACHOUR**, pour qui j'ai une grande admiration, m'a fait le double honneur d'avoir accepter de faire partie du jury, en qualité de président, en mémoire de magister et maintenant en thèse de doctorat d'état.*

*Je suis très sensible à l'honneur que me font Messieurs **Boualem SAIDANI** et **Laid MAKHLOUFI**, Professeurs à l'Université de Bejaia, Monsieur **Brahim DJELLOULI**, Professeur à l'université de Sétif, en acceptant de faire partie du jury en tant qu' examinateurs.*

*Je tiens à exprimer ma profonde gratitude à Monsieur le Docteur **Rainer LUDWIG**, de l'Université de Berlin, avec qui j'ai eu le plaisir de discuter et de partager les résultats de ce travail. Je le remercie également de m'avoir accueilli pendant deux mois dans son laboratoire.*

*Je voudrais également adresser mes sincères remerciements aux Professeurs **Rocco UNGARO** et **Alessandro CASNATI** de l'université de Parme en Italie de m'avoir accueilli dans leur laboratoire pendant deux mois. Leur connaissance dans la synthèse des macromolécules possédant un pouvoir sélectif m'a permis d'aborder avec sérénité la synthèse de nouveaux dérivés des calixarènes.*

Merci à ma femme, qui m'a toujours soutenu et encouragé.
Merci à ma famille et à tous mes amis.

Sommaire

SOMMAIRE

INTRODUCTION 12

CHAPITRE I : SYNTHESE BIBLIOGRAPHIQUE

I. Les calixarènes dans la chimie supramoléculaire 16
I. 1. Définition 16
I. 2. Différentes conformations des calixarènes 18

    I.2.1. Calixarènes Chimiquement modifiés...19

I. 3. Synthèse des calixarènes..21

    I. 3. 1. Mécanisme de formation des calixarenes 21
    I. 3. 2. Synthèse des calixarènes portant des groupements fonctionnels
        sur le bord inférieur...22
    I. 3. 3. Synthèse des calixarènes portant des groupements fonctionnels
        sur le bord supérieur..25

I. 4. Propriétés complexantes et extractantes des calixarènes 27

    I. 4. 1. Sélectivité de complexation et d'extraction 29

I. 5. Propriétés spectrales et physiques des calixarènes et application 32

    I. 5. 1. Caractérisation des calixarènes par spectroscopie infra rouge 33
    I. 5. 2. Caractérisation des calixarènes par spectroscopie ultra violet.........33
    I. 5. 3. Caractérisation des calixarènes par résonance magnétique nucléaire RMN 35
    I. 5. 4. Caractérisation des calixarènes par spectroscopie de masse............35
    I. 5. 6. Solubilité des calixarènes dans les différents solvants 35
    I. 5. 7. Applications analytiques des dérivés des calixarènes.......................36

I. 6. Généralités sur l'extraction liquide-liquide 38

    I. 6. 1. Principe...38
    I. 6. 2. Terminologie utilisée dans l'extraction liquide-liquide 39
    I. 6. 3. Coefficient de distribution et Sélectivité 39
    I. 6. 4. Coefficient de distribution 39
    I. 6. 5. Sélectivité..40

I. 6. 6. Types d'extractants et équilibres d'extraction 41
I. 6. 7. Facteurs influant le procédé d'extraction...45
I. 6. 7. 1. Influence du pH 45
I. 6. 7. 2. Influence de la concentration de l'extractant...46
I. 6. 7. 3. Influence de la nature du solvant...46

I. 7. Procédés d'extraction de l'or et de l'argent 47

I. 7. 1. Les techniques artisanales d'extraction de l'or...48
I. 7. 1. 1. L'orpaillage...48
I. 7. 2. Les techniques modernes 48
I. 7. 2. 1. L'exploitation minière...48
I. 7. 2. 2. L'abattage hydraulique 48
I. 7. 3. Extraction chimique de l'or et de l'argent 49
I. 7. 3. 1. L'amalgamation et cyanuration 49
I. 7. 4. La lixiviation bactérienne 50
I. 7. 5. Utilisation de l'or 50
I. 7. 6. Principales propriétés physico-chimiques de l'or...51
I. 7. 7. Principales propriétés physico-chimiques de l'argent 53
I. 7. 8. Différents extractants chimiques utilisés dans l'extraction
de l'or et de l'argent 54
I. 7. 8. 1. Extractants chimiques à base d'amines, nitriles et guanadines...............54
I. 7. 8. 2. Extractants à base des phosphines et éthers couronnes 59
I. 7. 8. 3. Extractants à base de macromolécules 63

CHAPITRE II : MISE EN ŒUVRE EXPERIMENTALE ET TECHNIQUES D'ANALYSES

II. 1. Réactifs 68

II.1.1. Réactifs organiques 68
II.1.2. Réactifs minéraux 69

II. 2. Méthodes physiques de caractérisation utilisées dans la synthèse des calixarènes et dans le procédé d'extraction des métaux étudiés

II. 2. 1. Spectroscopie de résonance magnétique nucléaire...70
II. 2. 1. 1. Le déplacement chimique...71
II. 2. 1. 2. Mesure de déplacement chimique 72

II. 2. 2. Chromatographie sur couche mince 73

    II. 2. 2. 1. Définition et appareillage 73

    II. 2. 2. 2. Principe de la technique 73

II. 2. 2. 3. Adsorbants et plaques chromatographiques 74

II. 2. 2. 4. Choix de l'éluant 74

II. 2. 2. 5. Dépôt de l'échantillon 75

II. 2. 2. 6. Développement de la plaque 75

    II. 2. 2. 7. Révélation 76

II. 2. 2. 8. Calcul de R_f (retarding factor ou rapport frontal)...............76

II. 2. 3. Appareil à détermination visuelle du point de fusion....................77

II. 2. 4. Spectroscopie de masse 77

    II. 2. 4. 1. Principe de la spectroscopie de masse 77

II. 2. 5. Spectrométrie d'absorption moléculaire (UV-visible) 78

II. 2. 6. Spectrophotométrie d'absorption atomique 79

II. 3. Procédures expérimentales de la synthèse des calixarènes parents....................80

    II. 3. 1. Montage utilisé dans la synthèse des calixarènes parents 80

II. 3. 2. Montage à reflux utilisé dans la synthèse des nouveaux dérivés

    des calixarènes 81

II. 4. Procédures expérimentales d'extraction des métaux étudiés 82

    II. 4. 1. Extraction liquide-liquide..82

II. 4. 2. Mesure du pH de la phase aqueuse..84

II. 5. Traitement des données expérimentales 84

    II.5.1. Coefficient de distribution D 84

II.5.2. Pourcentage d'extraction E (%)...85

CHAPITRE III : RESULTATS EXPERIMENTAUX ET DISCUSSION

III. Synthèse des dérivés de calixarènes

III. 1. Synthèse des calix[4]arènes parents 87

    III. 1. 1. Synthèse de p-tert-butyl-calix[4]arène 87

III. 1. 2. Synthèse de p-tert-butyl-calix[6]arène 87

III. 2. Synthèse de nouveaux dérivés de calix[6]arène

III. 2. 1. Synthèse du ligand **1** 89

III. 2. 2. Synthèse du ligand **2** 91

III. 2. 3. Synthèse du ligand **3** 93

III. 2. 4. Synthèse du ligand **4** 94

III. 2. 5. Synthèse du ligand **5** 96

III. 2. 6. Synthèse du ligand **6** 98

III. 3. Synthèse des dérivés du calix[4]arène...99

III. 3. 1. Synthèse de deux dérivés portant les groupements sulfonamide
et acétamide sur le bord inférieur du calix[4]arène 99

III. 3. 1. 1. Synthèse de calix[4]arène tétraéther (**4**$_1$) 100

III. 3. 1. 2. Synthèse de tétraamino calix[4]arène (**4**$_2$) 101

III. 3. 1. 3. Synthèse du ligand **7** 101

III. 3. 1. 4. Synthèse du ligand **8** 103

III. 3. 2. Synthèse de trois dérivés portant les groupements sulfonamide
et acétamide sur le bord supérieur du calix[4]arène....................................104

III. 3. 2. 1. Synthèse de 25, 27-di-n-propoxy-26, 28 -dihydroxycalix[4]arène 104

III. 3. 2. 2. Synthèse de 25, 27-di-n-propoxy-26, 28-dihydroxycalix[4]arène,
5.17 dicarboxyaldéhyde..106

III. 3. 2. 3. Synthèse de diformyldiméthyldiacétate calix[4]arène 107

III. 3. 2. 4. Synthèse de tétra-propyldiformylcalix[4]arène....................108

III. 3. 2. 5. Synthèse de tétrapropyl(dicyano) calix[4]arène...................108

III. 3. 2. 6. Synthèse de tétrapropyl(dicyanonitryl) calix[4]arène 109

III. 3. 2. 7. Synthèse du ligand **9** 110

III. 3. 2. 8. Synthèse du ligand **10** 111

III. 3. 2. 9. Synthèse du ligand **11** 113

III. 3. 3. Synthèse de calix[4]arène portant le groupement fonctionnel acéamide .. 114

III. 3. 3. 1. Synthèse du ligand **12** 114

III. 3. 4. Synthèse des dérivés azocalix[4]arènes 115

III. 3. 4. 1. Synthèse du ligand **13** 115

III. 3. 4. 3. Synthèse du ligand **14** 116

III. 3. 4. 3. Synthèse du ligand **15** 117

III. 3. 4. 4.   Synthèse du ligand **16** 117

III. 3. 5. Synthèse des calix[4]arènes portant des couronnes...........................118

III. 3. 5. 1. Synthèse du composé (**1**) 119

III. 3. 5. 2. Synthèse du composé (**2**) 119

III. 3. 5. 3. La synthèse du composé (**3**) 120

III. 3. 5. 4. Synthèse du ligand **17** 120

III. 3. 5. 5. Synthèse du ligand (**4**$_9$) 122

III. 3. 5. 6. Synthèse du ligand **18** 123

III. 3. 5. 7. Synthèse du Ligand (4$_{10}$)..124

III. 3. 5. 8. Synthèse du ligand **19** 125

III. 3. 5. 9. Synthèse du ligand (4$_{11}$) 126

III. 3. 5. 8. Synthèse du ligand **20** 127

III. 4. Synthèse des dérivés du thiacalix[4]arène 129

III. 4. 1. Synthèse des ligands 21, 22, 23 129

CHAPITRE IV : APPLICATION DES CALIXARENES SYNTHETISES A L'EXTRACTION DE L'OR, DE L'ARGENT ET QUELQUES METAUX DE TRANSITION

IV. 1. Extraction de l'or à l'aide des dérivés de calix[6]arène....................................133

IV. 1. 1. Effet du pH d'équilibre sur le pourcentage d'extraction 134

IV. 1. 2. Effet de la concentration des ligands sur le pourcentage d'extraction..........136

IV. 1. 3. Effet de la concentration en chlorure sur le pourcentage d'extraction 139

IV. 1. 4. Cinétique d'extraction de l'or par les dérivés calix[6]arènes 140

IV. 1. 5. Réextraction de l'or de la phase organique..141

IV. 1. 6. Extraction compétitive de l'or en présence de quelques métaux

de transition par les dérivés de calix[6]arène..142

IV. 2. Application analytique des dérivés calix[6]arène à l'extraction

de l'or à partir d'un minerai aurifère de la région du Hoggar 143

IV.2.1. Analyse chimique du minerai aurifère..143

IV. 3. Extraction de l'or et l'argent par les dérivés du calix[4]arène

IV. 3. 1. Extraction de l'or par les calix[4]arènes porteurs des groupements

acétamide et sulfamide 147

IV. 3. 1. 1. Influence de la nature du solvant et le pH de la phase aqueuse sur le

pourcentage d'extraction de l'or 148

IV. 3. 1. 2. Influence de la concentration des ligands porteurs des groupements

acétamides et sulfonamides sur le pourcentage d'extraction de l'or 151

IV. 3. 2. Cinétique d'extraction de l'or par les dérivés calix[4]arènes........................153

IV. 3. 3. Extraction compétitive de l'or en présence de quelques métaux

de transition par les dérivés du calix[4]arène 154

IV. 4. Extraction de l'argent en milieu acide nitrique par les calix[4]arènes porteurs des groupements sulfonamide et acétamide 156

    IV. 4. 1. Influence du pH de la phase aqueuse sur le pourcentage d'extraction de l'argent 156

    V. 4. 2. Influence de la concentration des ligands porteurs des groupements acétamides et sulfonamides sur le pourcentage d'extraction de l'argent 157

IV. 5. Extraction de l'or par les calix[4]arènes fonctionnalisés par des groupements azo 159

    IV. 5. 1. Effet des groupements fonctionnels sur le procédé d'extraction de l'or 159
    IV. 5. 2. Extraction compétitive de l'or en présence de quelques métaux de transition par les azocalix[4]arènes 160

IV. 6. Extraction de l'or par les calix[4]arènes fonctionnalisés par éthers couronne 162

IV. 7. Extraction de l'argent par les calix[4]arènes fonctionnalisés par un pont éthers couronne 164

    IV. 7. 1. Effet du temps d'agitation sur le pourcentage d'extraction de l'argent 164
    IV. 7. 2. Effet de la concentration des ligands sur le pourcentage d'extraction de l'argent 165

IV. 8. Extraction de l'or à l'aide des dérivés de thiacalix[4]arène 167

CONCLUSION GENERALE 171
REFERENCES BIBLIOGRAPHIQUES 178
ANNEXE 190

Introduction

Introduction

Dans les systèmes naturels, les interactions moléculaires sont le fondement des processus hautement spécifiques de reconnaissance, de transport et de régulation. La fixation d'un substrat sur une protéine réceptrice, les réactions enzymatiques, l'association immunologique antigène-anticorps sont des exemples parmi d'autres. Tous ces processus sont basés sur la formation d'espèces résultant d'association moléculaire et caractérisées par une disposition spatiale et une architecture bien définies dues à la nature des liaisons intermoléculaires qui les assemblent. Celles-ci proviennent de divers types d'interactions non-covalentes : forces électrostatiques, liaisons hydrogène, interactions de van der Waals, interactions donneur accepteur. Elles diffèrent par leur force, leur intensité, la façon dont elles dépendent de la distance et des angles (caractère directionnel). Ces phénomènes d'association moléculaire sont des points de repère et des sources d'inspiration de la chimie supramoléculaire ou « *Host-Guest Chemistry* », définie comme étant la chimie des interactions intermoléculaires non-covalentes. L'intérêt suscité par la chimie supramoléculaire provient de la grande diversité de ses applications qui ne cessent de se développer dans tous les domaines de la chimie, débordant sur la physique, la métallurgie et la chimie bio-inorganique. Les chercheurs s'inspirent de ces phénomènes d'origine biologique pour concevoir des récepteurs synthétiques capables de mimer le comportement des systèmes naturels et de les exploiter en vue d'applications médicales, pharmaceutiques et analytiques.

Il est possible de synthétiser des macrocycles ayant des propriétés de coordination sélective en fixant la dimension, la nature chimique et géométrique du macrocycle. De même, l'extérieur de l'ionophore, essentiellement hydrophobe, peut être modifié de façon à faciliter la dissolution de sels dans les solvants organiques. Les éthers couronnes, synthétisés pour la première fois en 1967[1], ont été les premiers exemples des polyéthers macrocycliques capables de complexer sélectivement les cations alcalins et alcalino-terreux. Cependant, ces macrocycles se sont révélés d'une sélectivité insuffisante pour extraire les cations à des concentrations inférieure à 0.1 mM. Des nouveaux types d'extractants devaient être proposés.

Depuis quelques années une nouvelle classe d'extractants "les calixarènes" a attiré l'attention des chercheurs [1-3]. Ces extractants sont des molécules macrocycliques qui permettent de "cibler" la sélectivité par des effets d'adéquation entre la taille de l'ion d'une part et la topologie, taille et basicité de la molécule extractante d'autre part. La sélectivité peut également être modifiée et améliorée par la mise en jeu dans les systèmes d'extraction de deux (ou plusieurs) molécules extractantes.

L'extraction par solvants est conditionnée par de nombreux paramètres dont on ne sait pas toujours prévoir les effets. Il s'agit d'un processus dynamique ce qui rend son étude difficile. L'extraction liquide-liquide débute généralement par le mélange d'une solution organique contenant les ligands avec une phase aqueuse contenant les sels d'ions à extraire. Puis, les phases se séparent par centrifugation ou grâce aux forces gravitationnelles et de cohésion des solvants. Les mécanismes de capture de l'ion et son transfert vers la phase organique sont mal connus et font l'objet de nombreuses hypothèses.

La mise au point de nouvelles macromolécules présentant de très bonnes performances en extraction liquide-liquide, notamment l'extraction de l'or et de l'argent à des pourcentages très élevés, est donc un objectif essentiel auquel cette thèse a été consacrée. Le choix des calixarènes et des cations étudiés a été principalement dicté par des considérations expérimentales, afin de contribuer aux recherches sur les procédés de séparation en hydrométallurgie.

Ce travail a été mené au laboratoire de matériaux organiques de l'université de Bejaia en collaboration avec l'équipe du professeur Alessandro CASNATI du laboratoire de chimie des macromolécules, département de chimie organique et industrielle de l'université de Parme en Italie et de l'équipe du docteur Rainer LUDWIG du laboratoire de synthèse des macrocycles, institut de chimie analytique et inorganique de l'université de Berlin en Allemagne.

Nous présentons les grandes lignes de ce travail qui a fait l'objet d'un projet de recherche finalisé portant la référence : J0601/01/01/99 et de nombreuses communications et trois publications. Le premier chapitre de cette thèse est consacré à une revue des principales références bibliographiques dans le domaine de la synthèse des calixarènes et leurs propriétés extractantes, puis les principes de base de l'extraction liquide-liquide englobant les travaux réalisés dans le domaine d'extraction par solvant des métaux à l'aide des calixarènes et leur dérivés.

Le chapitre II regroupe toutes les conditions opératoires, les méthodes physiques d'analyses utilisées et les méthodes de traitement des données expérimentales.

Le chapitre III est consacré aux différents schémas de synthèses des nouveaux dérivés des calixarènes et leurs caractérisations. Notons que trois types de ces macrocycles ont été synthétisés, il s'agit :

➢ Des dérivés du calix[4]arène

➢ Des dérivés du thiacalix[4]arène

➢ Des dérivés du calix[6]arène

Un intérêt particulier a été accordé aux dérivés du calix[6]arène appartenant à une nouvelle classe de macromolécules possédant un pouvoir sélectif et extracteur très élevé en faveur de l'or.

Dans le chapitre IV, nous présentons tous les résultats expérimentaux de l'application des calixarènes synthétisés à l'extraction compétitif de l'or et de l'argent, en absence et en présence de quelques métaux de transition, à partir des solutions synthétiques et d'une solution préparée d'un minerai aurifère de la région du HOGGAR.

En fin, cette thèse se termine par une conclusion générale dans laquelle nous soulignons les principales contributions de ce travail dans le domaine de synthèse des calixarènes et leur application dans l'extraction sélective des métaux nobles.

Chapitre I
Synthèse bibliographique

CHAPITRE I
SYNTHESE BIBLIOGRAPHIQUE

I. Les Calixarènes dans la chimie supramoléculaire

I.1. Définition

Les calix[n]arènes sont des oligomères cycliques formés d'un nombre d'unités n phénoliques compris entre 4 et 16, reliées entre elles par des ponts méthyléniques en ortho de la fonction hydroxyle[4,5]. Ces macromolécules sont obtenues par condensation phénol-formaldéhyde en milieu basique. Les oligomères pairs (n= 4-8) sont synthétisés avec de hauts rendements (60-85%), alors que les oligomères impairs sont isolés avec de très bas rendements. Le contrôle de la taille se fait par un choix judicieux du cation à la base.

L'appellation « calixarène » a été introduite par Gutsche Muthukrshnan [1] par analogie entre la structure en cône du tétramère et la forme d'un vase grec appelé «calix crater » (figure I-1).

Figure I-1 : Origine du terme calixarène, analogie entre la structure du tétramère et le vase grec « calix crater » (réf.1)

L'utilisation de ce nom a été introduite aux oligomères supérieurs, même si ces derniers ne présentent pas tous à l'état solide une structure semblable à celle d'un calice (vide infra).

La nomenclature IUPAC étant assez lourde, il est d'usage de nommer les calix[n]arènes en spécifiant devant le préfixe calix la nature du substituant en position para. Le suffixe « arène » indique la présence de noyaux aromatiques dont le nombre n est précisé entre crochets insérés calix- et –arène. Par exemple le tétramère que constitué de quatre unités p-tert-butylphénol est appelé p-tert-butylcalix[4]arène alors que dans la nomenclature IUPAC, c'est le pentacycloctacosa-1(25),3,5,7(28),9,11,13,(27),15,17,19(26),21,23-dodécaène-25,26,27,28-tétaol [1] La numérotation des atomes du p-tcrt-butylcalix[4]arènc ct sa représentation la plus usuelle est donnée dans la figure I-2.

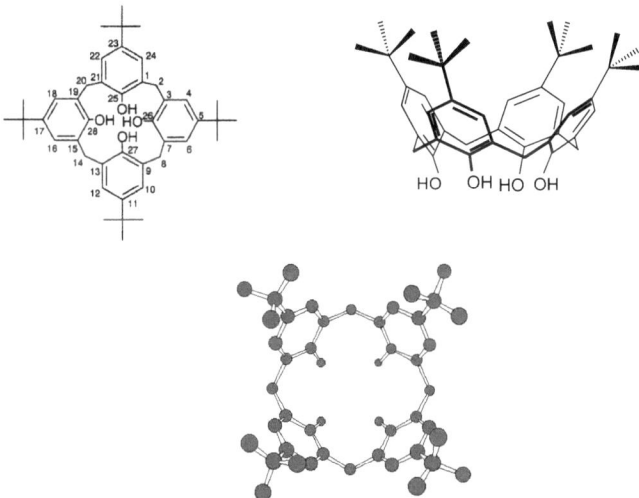

Figure I-2 : Numérotation des atomes et représentations de p-tert-butylcalix[4]arène

I. 2. Différentes conformations des calixarènes

Les calix[n]arènes sont des molécules très flexibles existant sous de nombreuses conformations par basculement des unités phénoliques autour du plan moyen délimité par les groupements méthylène. Ces conformations peuvent être identifiées grâce à la RMN du proton. Dans le cas des calix[4]arènes, les quatre conformations possibles, représentées sur la figure I-3, sont appelées cône, cône partiel, 1,2-alternée et 1,3-alternée. La conformation la plus stable en solution est la conformation cône, stabilisée par des liaisons hydrogène entre les fonctions hydroxyle. Dans ce cas, la partie de la cavité délimitée par ces fonctions hydroxyle est appelée « bord étroit » (anciennement « bord inférieur » ou « lower rim »), alors que la partie portant les groupements p-tert-butyl est appelée « bord large » (anciennement « bord supérieur » ou « upper rim »).

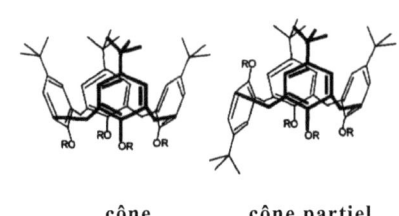

cône   cône partiel

Figure I-3 : Les différentes conformations *des calix[4]arènes*

Les calixa[4]rènes sont majoritairement en conformation cône à l'état solide et en solution à basse température. Cette conformation est favorisée par l'existence de liaisons hydrogène intramoléculaires liant les groupements hydroxyles. Le tétramère peut être bloqué et isolé dans chaque conformation en utilisant des conditions de réaction appropriées et des substituants sur les oxygènes phénoliques plus volumineux que les groupements éthyles. Le changement de conformation peut également être empêché par la présence des substituants en position meta.

Les calix[5]arènes existent également dans quatre conformations. Comme les tétramères, ils adoptent préférentiellement la conformation cône à l'état solide mais les liaisons hydrogène sont plus faibles.

Les oligomères supérieurs, beaucoup plus flexibles, peuvent adopter d'autres conformations. Le tert-Octylcalix[6]arène adopte de préférence une conformation cône (figure I-4). Le p-tert-butylcalix[8]arène ne présente aucune symétrie à l'état solide, il existe dans une conformation en anneau à l'état solide et en solution. Des substituants comme les triméthylsilyles peuvent empêcher la rotation du bord inférieur pour les calix[6]arènes et les calix[8]arènes. La rotation du bord supérieur devient alors plus favorable [6].

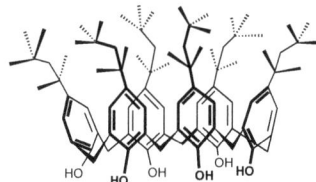

Figure I-4 : représentation de la structure chimique de tert-octylcalix[6]arène

Harada et Shinkai [7] ont montré que les structures des p-tert-butylcalix[n]arènes (n = 4-7) issues de calculs de dynamique moléculaire sont similaires à celles trouvées à l'état solide.

I. 2. 1. Calixarènes chimiquement modifiés

En raison des fortes liaisons hydrogène intramoléculaires entre les groupes hydroxyles, les calixarènes présentent une faible solubilité dans la plus part des solvants organiques. De plus, en raison de leur mobilité conformationnelles, ils ne peuvent pas être considérés comme cavitands, macrocycles présentent une cavité rigide et pouvant encapsuler un ion ou une molécules. Néanmoins des modifications chimiques des calixarènes peuvent conduire à des ligands conformationnellement plus rigides et plus solubles dans les solvants usuels. Ces ligands peuvent servir de base à une chimie très variée, considérant les nombreuses possibilités de fonctionnalisation sur le « bord étroit » ou le « bord large ». Il est aussi possible de bloquer la conformation par greffage de substituants suffisamment encombrants pour empêcher le basculement complet des groupements phénoxy. Les calixarènes peuvent donc être utilisés comme des plates-formes à partir desquelles le chimiste pourra construire de nouvelles molécules dont les propriétés physico-chimiques seront ajustées sur mesure suivant les fonctions greffées et la conformation sélectionnée. Si l'on cherche à obtenir des propriétés complexantes, cette plate-forme de type macrocyclique peut apporter une propriété intrinsèque de préorganisation du fait du rapprochement spatial des ligands greffés. La solubilité en phase organique ou en phase aqueuse peut aussi être ajustée suivant que l'on recherche un complexant ou un extractant

La fonctionnalisation des calixarènes peut se faire sur trois positions (figure I-5) :

-   Au niveau des groupements hydroxyles qui constituent le bord inférieur du calixarènes [8-9].

-   Sur les positions para ou méta des unités phénoliques du calixarène, qui forment le bord supérieur.

-   Au niveau des ponts méthyléniques entre les noyaux phénoliques.

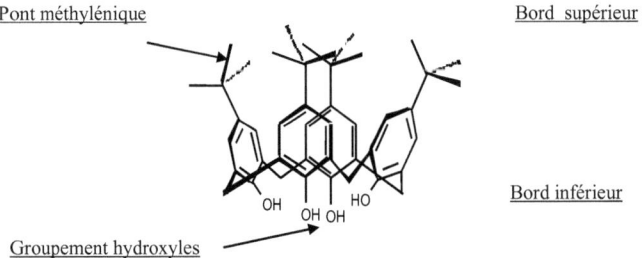

Pont méthylénique   Bord supérieur

Bord inférieur

Groupement hydroxyles

Figure I-5 : Les différents sites susceptibles d'être modifiés sur le p-tert- calix[4]arène

Les groupements en para des calixarènes peuvent être partiellement [10] ou complètement supprimés par déalkylation. Le bord supérieur devient alors disponible pour l'introduction de différents groupements fonctionnels tels que les groupements sulfonates(SO_3H) [11], nitro, trifluoroacétates de mercure (HgO_2CCF_3) [12], des sucres [13] et des aminoacides[14].

Les groupements hydroxyles du bord inférieur sont d'excellent sites pour l'introduction d'autres fonctions comme, par exemple, estères [15,16], des cétones [17,18], des amides [19,20], des acides [21,22], des thioacétones [23], des pyridines [24-26] et des aminoacides [27]. Des dérivés très intéressants ont été obtenus en liant deux ou plusieurs atomes d'oxygène d'une molécule avec différents types de ponts moléculaires, il s'agit des calixarènes éther-couronnes [28,29].

I. 3. Synthèse des calixarènes

La synthèse des calixarènes a donné lieu à un grand nombre d'articles, ce qui justifie leur utilité potentielle [30-37]. La plupart des applications des calixarènes sont basées sur leurs propriétés complexantes ou extractantes. L'un des principaux attraits des calixarènes est leur faible coût de fabrication et leur synthèse relativement aisée ; des quantités de l'ordre du gramme peuvent être obtenues à l'échelle du laboratoire. En générale, la synthèse des calixarènes s'obtiennent par condensation d'un phénol (éventuellement para substitué) sur du formaldéhyde en présence d'une base forte.

I. 3. 1. Mécanisme de formation des calixarènes

Le mécanisme de formation des calixarènes pose un véritable problème non encore résolu. La première étape est initiée par la formation de l'ion phénoxide qui, agissant comme carbone nucléophile, effectue une addition nucléophilique sur les groupements carbonyles, de grande réactivité, du formaldéhyde sous des conditions modérées, la réaction peut être arrêtée en ce stade et le phénol hydroxyméthyle peut être isolé et caractérisé. Sous d'autres conditions vigoureuses, cependant, la réaction produite des composés diarylméthyles, présumé par voie «pathway» qui implique o-quinoneméthide intermédiaires qui réagissent avec les ions phénolates [1] (figure I-6).

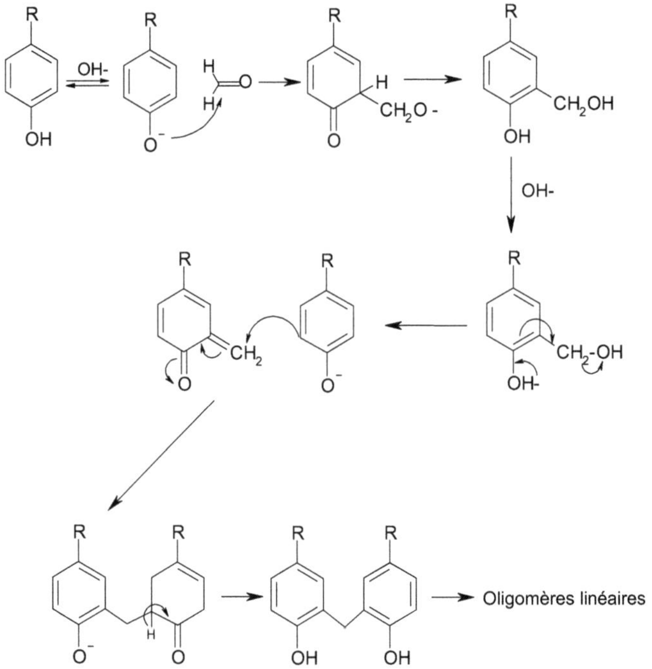

Figure I-6 : mécanisme réactionnel de la synthèse de calix[n]arène. (Réf. 1)

I. 3. 2. Synthèse des calixarènes portant des groupements fonctionnels sur le bord inférieur

De par sa forme de vase, le calixarène est déjà disposé pour capturer des molécules. La forte polarisation négative générée par les oxygènes des groupements OH permet d'attirer les cations et de les retenir dans l'espace vide situé au centre du macrocycle. On obtient alors un complexe très stable que l'on pourra dissocier ultérieurement afin de récupérer le cation.

La partie inférieure du premier calixarène synthétisé et formée par des groupes hydroxyles OH qui fournissent des sites excellents pour l'insertion d'autres fonctions. En déprotonant les OH en ortho, on peut y insérer des groupement fonctionnels pour retenir les ions.

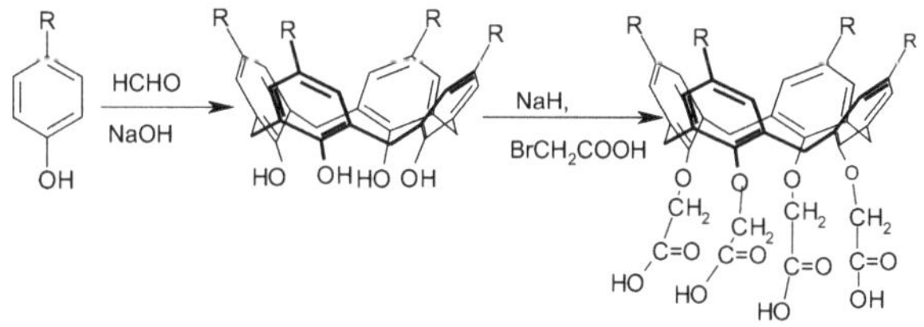

Figure I-7 : Introduction du groupement acide carboxylique sur le bord inférieur du calixa[4]arène

La première réaction du calixarène entraîne la conversion des groupements OH en acétate, qui sont généralement plus solubles et plus faciles à travailler que les composés de base. En présence d'un excès d'agent d'acylation, tous les groupes hydroxyliques du calix[4]arène sont d'habitude convertis aux groupes d'ester, en formant des molécules à différentes conformations « cône », « cône partiel », « 1,2-alternée » et « 1,3-alternée ». La formation de chacune d'elles dépend du calixarène, des agents dérivatifs et des conditions opératoires. L'estérification engage habituellement tous les groupes hydroxyles du calixarène si les réactifs sont suffisamment utilisés. Plusieurs travaux de recherche ont utilisé ce procédé de synthèse pour l'insertion des groupements fonctionnels sur la partie inférieure des calixarènes [38-47].

Raston   et coll. [48] ont synthétisé des calix[n]arènes portant des groupements phényliques avec n = 4, 5, 6, 8. Ces calixarènes ont été substitués par des groupements sulfonyles à l'aide de l'acide sulfurique (figure I-8).

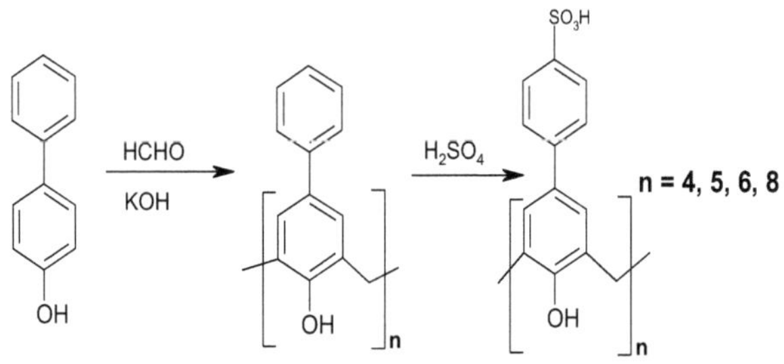

Figure I-8 : Synthèse des p-phénylcalix[n]arènes et sulphonylcalix[n]arène, n =4, 5, 6, 8. (réf. 48)

Fiammengo et coll. [49] ont   mis au point une méthode de synthèse modulable en assemblant sur le bord inférieur et supérieur des calix[4]arènes des porphyrines avec disposition co-faciale. Les ligands synthétisés ont été caractérisés par plusieurs méthodes physico-chimiques. La disposition co-faciale des chromophores porphyriniques a été démontrée, en solution, à l'aide des études de RMN du proton. La préorganisation des ligands pour la complexation de substrats bidentates permet l'insertion de base azotée telle que la Pyrazine entre les deux molécules de porphyrine.

Tomapatanaget et coll. [50] ont synthétisé des calix[4]arènes substitués au bord inférieur et supérieur par des groupements amides ferocènes. Ces ligands synthétisés adoptant des conformations cône et cône partiel ont été utilisés dans l'extraction sélective des ions Cl⁻ et $H_2PO_4^-$.

Le groupe du prof. Mckervey [51-53], connue comme un leader dans la synthèse des calixarènes et ses dérivés a été le premier a proposer un schéma de synthèse de calix[4]arène disubstitués en position 1, 3   au bord inférieur en permettant d'introduire d'autres groupements fonctionnels en position 2, 4 . Ces calixarènes ont des applications électrochimiques comme substances électroactives utilisées dans la fabrication des électrodes sélectives, (figure I-9).

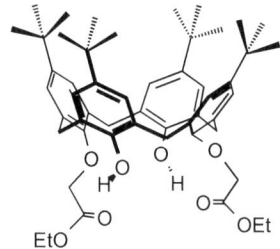

Figure I-9 : Le tetra-t-butylcalix[4]arène 1,3-disubstitué. (réf.51)

Par greffage de deux fonctions distinctes (R_1, R_2) sur les oxygènes phénoliques du calixarène, avec R_1 =-CH$_2$CONHCHMe(Ph) et R_2 = SiMe$_3$, Dieleman et coll. [54] ont obtenu un calixarène à chiralité inhérente. La résolution peut être effectuée en introduisant un carbone asymétrique dans l'un des substituants et en séparant les diastéréoisomères formés. Cette méthodologie a été employée pour la synthèse des phosphines chirales. Ces ligands ont été utilisés en alkylation allylique.

I. 3. 3. Synthèse des calixarènes portant des groupements fonctionnels sur le bord supérieur

Pour piéger un certain type de cations, il faut modifier les propriétés du calixarène en y insérant de nouvelles fonctions. Le tertio butyle se trouvant sur le bord supérieur du calixarène à la propriété d'être un bon groupe partant, il s'enlève plus facilement par l'action du chlorure d'aluminium, qui facilite la rupture de la liaison C–R, en présence d'un solvant tel que le toluène. Les propriétés du calixarène peuvent être modifiées à volonté et ainsi s'adapter à de nombreux cations (figure I-10).

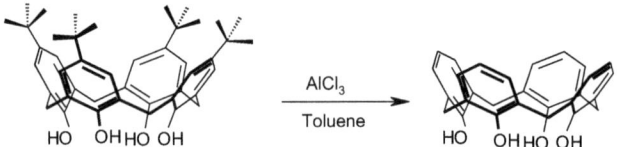

Figure I-10 : Déalkylation d'un p-terbutyl calix[4]arène

Le procédé de substitution du bord supérieur par des groupements fonctionnels a fait l'objet de plusieurs travaux de recherche [55-58].

Psychogios et coll. [59] ont synthétisé pour la première fois des bipyridylcalix[4]arènes substitués au bord supérieur par quatre groupements sulphonates. Ces ligands possèdent une grande affinité vis-à-vis des cations Cu(II) en formant des complexes très stables.

Une nouvelle série de calix-[4]-arenes portant quatre groupements acyles hydrophobes sur le bord supérieur et deux groupements dihydroxyphosphoryloxy sur le bord inférieur ont été synthétisés et caractérisés pour la première fois par Shahgaldian et coll.[60]. La phosphorylation du bord inférieur en position 1, 3 du calix[4]arène a été obtenue par diéthylchlorophosphate en présence de triethylamine, les groupes d'éthyle ont été enlevés par traitement consécutif avec le triméthylbromosilane et le méthanol. Le schéma de synthèse est donné par la figure I-11. Ces nouveaux ligands solubles dans l'eau ont trouvé une application biologique analogue aux phospholipides.

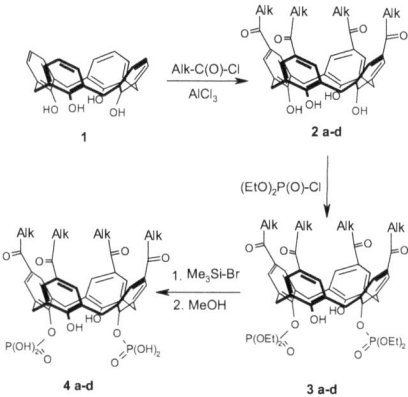

Figure I-11: Schéma de synthèse de 25,27-bis dihydroxyphosphoryloxytetraacyl calix[4]arene. Alk = $CH_3(CH_2)_n$ avec n = 4 (a), 6 (b), 8 (c), 10 (d), (réf. 60).

I. 4. Propriétés complexantes et extractantes des calixarènes

Les propriétés complexantes et extractantes des calixarènes chimiquement modifiés dépendent de plusieurs facteurs tels que la taille et la conformation des calixarènes, le nombre et la nature des sites donneurs et la nature des substituants.

Le tétramère est le calixarène le plus étudié et le plus utilisé comme structure de base pour la réalisation de récepteurs. Il peut être fixé dans une conformation définie le plus souvent en cône. Il devient alors un récepteur avec une cavité hydrophobe délimitée par les noyaux aromatiques et une partie hydrophile définie par les groupements liés au bord supérieur ou au bord inférieur. Arduini et al [61] ont montré que la conformation en cône est en réalité un équilibre entre deux conformations en cônes aplatis (figure I-12).

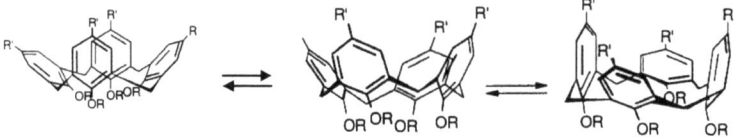

Figure I-12 : Équilibres dynamiques de la conformation en cône. (réf. 61)

Les calix[4]arènes peuvent être rigidifiés par alkylation des groupements phénoliques soit avec des groupes stériquement encombrants, soit par pontage avec des chaînes polyéthers courtes [62]. Ils peuvent aussi être bloqués dans une conformation donnée par complexation.

En outre la complexation peut produire un changement de conformation des récepteurs. Des exemples très intéressants sont donnés par les complexes de Rb(I) avec le 1,3-di-méthoxy p-tert-butylcalix[4]arène mono-couronne-6 [63] et de Cs(I) avec le 1,3-di méthoxy p-H-calix[4]arène mono-couronne-6[64]. Les deux calixarènes couronne-6, qui se trouvent majoritairement en conformation cône en solution, adoptent une conformation différente lors de la complexation. Dans le premier complexe, le ligand adopte une conformation intermédiaire entre un cône et un cône partiel (cône partiel aplati), due à l'interaction de Rb(I) avec l'anion picrate et avec les six atomes d'oxygène de la couronne et les deux atomes d'oxygène phénoliques non pontés (figure I-13a). Dans le second complexe, le ligand adopte une conformation 1,3-alternée afin d'optimiser les interactions avec Cs(I) (figure I-13b). Le cation est lié aux six atomes d'oxygène de la couronne et aux deux atomes d'oxygène de l'anion picrate (phénate et oxygène du groupe nitro). Il interagit également avec respectivement deux et trois atomes de carbone des deux noyaux aromatiques inversés. Le changement de conformation du 1,3-di-méthoxy p-H-calix[4]arène monocouronne-6 lors de la complexation de Cs^+ suggère que la conformation 1,3-alternée est la plus adaptée à ce cation. La série des 1,3-dialkoxy-calix[4]arènes-couronne-6 en conformation 1,3-alternée présente une meilleure sélectivité Cs (I)/Na(I) que le dérivé mobile diméthoxy[64]. Des études de transport à travers des membranes liquides supportées montrent que cette sélectivité croît selon la séquence : cône < cône partiel < mobile <1,3 alternée [65]. Cette sélectivité est due à la taille de la couronne, la   préorganisation du ligand, sa solvatation et aux interactions π qui peuvent s'établir entre le cation et le(s) noyaux) aromatique(s) inversé(s).

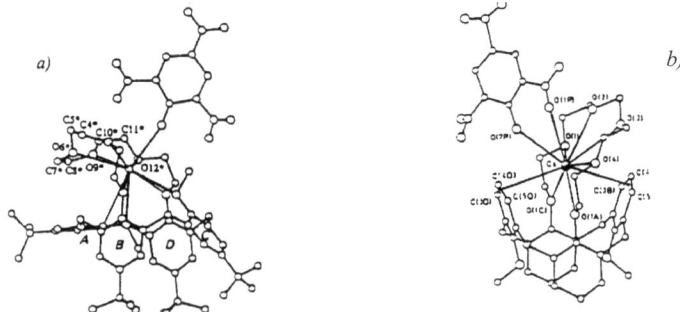

*Figure I-13 : Structures cristallographiques des complexes de a) 1,3-di-méthoxy p-
tertbutylcalix[4]arène mono-couronne-6 avec Rb(I) (ref. 63) ; b) 1,3-di- méthoxy pH-
calixfarène mono-couronne-6 avec Cs(I) (réf. 64).*

I. 4. 1. Sélectivité de complexation et d'extraction

L'extraction sélective d'un ion par un ligand d'une phase aqueuse vers une phase organique est le résultat de deux phénomènes. Tout d'abord, la capture ou complexation sélective de l'ion par l'ionophore. Cette sélectivité dépend d'un certain nombre de paramètres, dont la nature et la structure des sites de coordination du ligand vis-à-vis de l'ion. La seconde étape est l'extraction du complexe ainsi formé vers la phase organique. Il est clair que l'interface entre les deux solvants joue un rôle primordial dans ces processus.

Les complexes du calix[4]arène-couronne-6 (Figure I-14) ont été intensivement étudiés expérimentalement. La modulation de la sélectivité envers les cations alcalins a été prédite par des simulations sur des complexes de Na (I) et Cs(I) dans différentes conformations [66]. Les calculs de dynamique moléculaire en phase aqueuse ont montré que Na(I) décomplexe dans la forme *1,3-alternée* et Cs(I) fait de même dans la conformation cône. Sur la base de calculs de différences d'énergies libres dans l'eau, M. Wipff et coll. [66] ont montré que la conformation cône préfère Na (I) (différence d'énergie libre de complexation) :

Na (I) ⎯⎯⎯→ Cs(I): ΔG_c = - 4.7 kcal.mol^{-1}), alors que la forme *1,3-alternée* complexe sélectivement Cs(I) : (ΔG_c = +12.5 kcal.mol^{-1}) et le cône partiel ne montre pas de préférence particulière pour l'un ou l'autre cation. Cette sélectivité est la conséquence des différences de solvatation, de position des cations vis-à-vis des sites de coordination, ainsi que de la protection qu'offre le ligand vis-à-vis de l'eau alentour.

Cette sélectivité Cs(I)/Na(I) du conformère *1,3-alternée* a été mesurée expérimentalement par des constantes de complexation dans le méthanol [30] : *log β* = 4,2 pour Cs(I), et *log β* < 1 pour Na(I) (spectrophotométrie absorption UV).

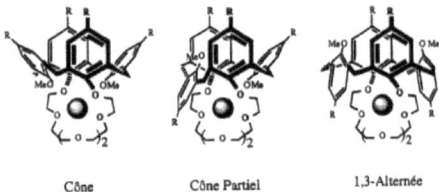

Cône   Cône Partiel   1,3-Alternée

Figure I-14 : Conformères des complexes de calix[4]arène-couronne-6 *avec des ions métalliques.*

Montavon et coll. [67], étudient l'extraction liquide-liquide du sodium et du potassium par un calix[4]arène comportant quatre fonctions acide (Figure I-15). Ils montrent la formation de complexes dinucléaires 2:1(métal:ligand) pour les deux métaux et la sélectivité d'extraction est en faveur du sodium par rapport au potassium.

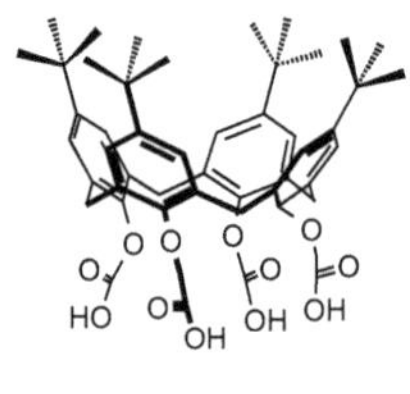

Figure I-15 : 25,26,27,28-tétracarboxyméthyl-5,11,17,23-tétra-tert-butylcalix[4]arène en conformation cône. (réf. 67)

Le groupe du Dr. Ludwig, connu dans la synthèse des calixarènes [68-75], a étudié l'extraction sélective de plusieurs métaux, spécialement les métaux radioactifs, à partir des déchets nucléaires. Il a montré que les complexes formés suite à l'extraction des lanthanides d'une phase aqueuse (milieu perchlorate; 2< pH< 3,5) vers du chloroforme contenant des dérivés acides carboxyliques des p-tert-butylcalix[n]arènes, (n = 4, 6) ont une stoechiométrie 1:2 (métal:ligand). Cependant, à faible concentration en ligands et en présence d'un excès de sodium les lanthanides sont extraits avec une stoechiométrie 1:1. Pour les deux calixarènes étudiés, les lanthanides sont mieux extraits que les lanthanides légers et lourds (Nd, Eu > La, Er, Yb), mais l'ordre et l'efficacité d'extraction sont différents. L'ajout de sodium augmente le pouvoir extractif des lanthanides en présence de l'acide p-tert-butylcalix[4]arène et le diminue dans le cas de l'utilisation de l'acide p-tertbutylcalix[6]arène-hexacarboxylique.

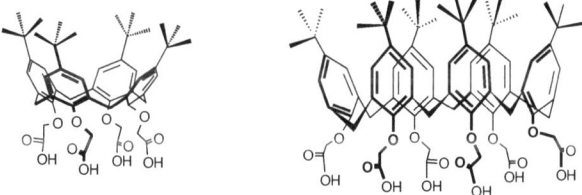

Figure I-16 : Les calixarènes portant des groupements carboxyliques étudiés par Dr.Ludwig et coll. (réf. 71)

Ohto et coll.[76], étudient l'extraction des terres rares par des dérivés calixarènes carboxyliques (Figure I-17). Ils observent que ces dérivés possèdent une meilleure extractabilité et une grande efficacité de séparation que les extractants monomères (n=1) ou autres acides carboxyliques. De même, ils montrent que la sélectivité d'extraction pour les terres rares n'est pas une fonction du diamètre de la cavité de l'extractant, l'ordre d'extractabilité des terres rares par ces extractants étant : Ligand **1**> ligand **3**> Ligand **2**

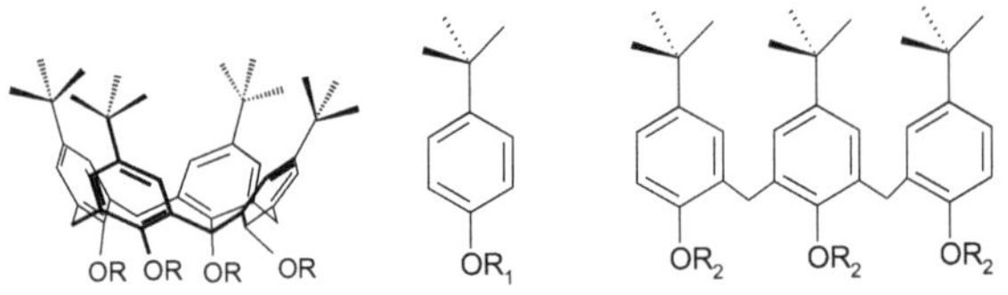

R = H R_1 = CH$_2$COOH R_2 = CH$_2$COOCH$_2$CH$_3$

Ligand 1   **Ligand 2**   **Ligand 3**

Figure I-17 : Structures chimiques des ligands étudiés dans l'extraction des ions de terres rares. (Réf. 76)

Matsumiya et coll [77], ont synthétisé et utilisé un nouveau Sulfonyl calix[4]arène tetrasulfonate comme un ligand chélatant pour la détermination sélective d'ultra traces des ions ferriques Fe(III), Al(III) et Ti(IV) dans l'eau de rivière et l'eau du robinet. Les ions métalliques étudiés forment un complexe très stable avec le calixarène synthétisé dans milieu tampon acétique de pH = 4.7, l'étude spectrophotométrique a permet de déterminer les limites de détections des ions étudiés. Les valeurs trouvés sont : 8.8 nmol.l^{-1} (0.24 ng.cm^{-3}) pour Al (III), 7.6 nmol.l^{-1} (0.42 ng.cm^{-3}) pour Fe(III), et 17 nmol.l^{-1} (0.80 ng.cm^{-3}) pour Ti(IV).

I. 5. Propriétés spectrales et physiques des calixarènes

Généralement, un composé organique synthétisé pour la première fois doit être caractérisé par des méthodes physico-chimiques afin de lui attribuer certaines caractéristiques spécifiques. L'union internationale de chimie pure et appliquée (UIPAC) recommande la détermination, dans le cas des calixarènes, des données suivantes :

La formule chimique, masse moléculaire, nomenclature selon UIPAC, le rendement de la réaction de synthèse, le point de fusion, chromatographie sur couche mince, raies caractéristiques des spectres : ^{1}H RMN, ^{13}C RMN, IR, masse et UV.

Grâce à leurs nombreuses propriétés physiques et spectrales, les calixarènes ont fait l'objet de nombreuses études ces dernières années [78-83].

I. 5. 1. Caractérisation des calixarènes par spectroscopie infra rouge

L'une des caractéristiques particulières des calixarènes est l'exceptionnelle basse fréquence à laquelle les vibrations des groupements OH qui se présentent dans l'infrarouge à la position 3150 cm^{-1} pour les tétramères cycliques, 3300 cm^{-1} pour les pentamères cycliques. Cette faible fréquence est attribuée à l'existence de fortes liaisons hydrogènes entre les molécules. La région d'empreinte digitale dans le spectre IR des calixarènes est similaire l'une à l'autre spécialement entre 1500 et 900 cm^{-1} ; bien que dans la région 500-900 cm^{-1}, il existe quelques variations modérées ; par exemple, les absorptions qui paraissent être caractéristique pour chaque calixarène ont été trouvées entre 693 et 571 cm^{-1} pour les pentamères cycliques, 762 cm^{-1} pour les hexamères et 796 cm^{-1} pour les heptamères. Les octamères sont distingués par une faible résolution des absorptions dans la région 500-600 cm^{-1}, la bande prés de 400 cm^{-1} est affirmée être pratique pour différencier les tétramères des hexamères et octamères cycliques. Les éthers alkyles calix[4]arènes et calix[6]arènes ont de fortes absorptions à 850cm^{-1} et 810cm^{-1} respectivement [2, 8, 68].

I. 5. 2. Caractérisation des calixarènes par la spectroscopie ultra violet

Les calixarènes et leurs dérivés ont souvent deux absorptions maximales près de 280 et 288 nm. L'intensité de ces deux longueurs d'ondes est en fonction de la taille ou la dimension du cycle calixarénique, elle est de l'ordre de 1.3 pour les calix[4]arènes, 0.75 pour les calix[8]arènes. Les coefficients d'absorption molaire des calix[n]arènes (ε_{max}, L mol^{-1} Cm^{-1}) correspondant aux longueurs d'ondes maximales 280 et 288 nm sont donnés

R

OH
n

par le tableau I-1[2], nous constatons que le coefficient d'absorption molaire augmente avec la taille de la couronne du calixarène.

Groupement **R**	**n** (nombre de cycles aromatiques)	280 ±1 nm	288 ±1 (nm)	Solvant
Tert-butyl	4	9.800	7.700	CHCl$_3$
Méthyle	4	10.500	8.300	Dioxane
Me et tert-butyl	5	14.030	14.380	Dioxane
Tert-butyl	6	15.500	17.040	CHCl$_3$
Me et tert-butyl	6	17.210	17.600	Dioxane
Tert-butyl	7	18.200	20.900	CHCl$_3$
Me et tert-butyl	7	19.800	20.900	Dioxane
Tert-butyl	8	23.100	32.00	CHCl$_3$

Tableau I-1: Les coefficients d'absorption molaire des calix[n]arènes (ε_{max}, L mol^{-1} Cm^{-1}) correspondant aux longueurs d'ondes maximales 280 et 288 nm. n = 4, 5, 6, 7, 8. (réf. 2)

Agrawal et coll. [84], étudient la séparation et la détermination de l'uranium (VI) à partir d'un minerai avec le calixarène portant le groupement acide hydroxamique. Un échantillon d'un minerai d'uranium (44.23 ppm) préparé dans 10 ml d'une solution tampon de pH = 6. La phase aqueuse a été mélangée à une solution de 10 ml d' acétate d'éthyle contenant 0.2% de 5,11,17,23-tetra-(N-p-chlorophenyl)hydroxamate-c-phenyl 25,26,27,28,tetrahydroxy calix[4]arane (CPCHA). Après avoir agitée et séparée la phase aqueuse de la phase organique, cette dernière a été lavée et séchée à l'aide de sulfate de sodium puis l'absorbance de la phase organique a été mesurée à 488 nm. La loi de Beer obéit de 1.78 à 23.1 ppm. La courbe d'étalonnage a été appliquée pour déterminer la concentration de l'uranium dans le minerai.

I. 5. 3. Caractérisation des calixarènes par résonance magnétique nucléaire RMN

Les calixarènes sont souvent caractérisés par ^1H RMN ou ^{13}C RMN dans le but de confirmer la cyclisation et les différents groupements portés sur le bord supérieur ou inférieur du cycle [69]. Dans le cas du spectre ^1H RMN de p-tert-butylcalix[4]arène, résonance des groupements OH, ArH et le p-tert-butyl apparaît comme un pic singulet tandis que le groupement CH_2 du couronne calixarènique apparaît comme une pair de doublet. La région 3.5-5 ppm, correspond en général à la résonance des hydrogènes du groupement méthylène du cycle calixarènique. La position du groupement OH varie en fonction de la taille du cycle. Les valeurs δ_{OH} pour le p-tert-butylcalixarène sont : calix[4] = δ 10.2, calix[5] = δ 8.0, calix[6] = δ : 10.5, calix[7] = δ : 10.3, calix[8] = δ : 9.6.

I. 5. 4. Caractérisation des calixarènes par spectroscopie de masse

La spectroscopie de masse joue un rôle important dans la détermination de la structure et le poids moléculaire des différents dérivés calixarènes synthétisé.

Pinkhassik et coll [85], ont utilisé la spectroscopie de masse afin de déterminer la structure d'une série de nouveaux composés de calixarènes. Ils ont proposé un nouveau protocole pour la préparation du 2,2-dihydroxy-1,1-binaphthalène, ce composé est utilisé dans la synthèse de binaphthol comme substituant chiral. Un signal à m/e 883 a été observé pour l'ion parent.

Kämmerer et coll. [86], ont caractérisé plusieurs p-alkylcalixarènes par la spectroscopie de masse, ils ont montré que le calix[7]arène présente un signal caractéristique à m/e 480. Cependant, le signal à m/e 656 indique la présence de structure cyclique du calix[4]arène.

I. 5. 6. Solubilité des calixarènes dans les différents solvants

La plupart des calixarènes sont insolubles dans l'eau y compris dans les solutions aqueuses, par contre, ils ont une solubilité suffisante dans le chloroforme, dichlorométane, pyridine et le disulfide de carbone. Pour rendre ces calixarènes solubles dans l'eau, Ungaro et coll. [87] ont été les premiers à proposer un procédé qui permet de traiter, avec l'acide sulfurique concentré à chaud, des calixarènes portant des groupements fonctionnels carboxyliques. L'obtention des calixarènes solubles dans l'eau facilite leurs caractérisations dans des milieux aqueux.

I. 5. 7. Applications analytiques des dérivés des calixarènes

La chimie des calixarènes a donné lieu à ce jour quelques brevets utilisés, en particulier, dans le domaine du traitement des déchets nucléaires [8, 69, 88]. La plupart des applications des calixarènes sont basées sur leurs propriétés complexantes ou extractantes. Par exemple Shinkai et al. [89, 90] ont mis en application l'usage de p-sulfonato calixarènes en tant qu'uranophiles servant pour l'extraction sélective de UO_2^{2+} à partir de l'eau de mer. Diamond et coll. [91, 92] ont décrit des électrodes sélectives pour Na(I) à base de calix[4]arènes esters et amides, ainsi que des électrodes sélectives pour Cs(I) à base de p-alkylcalix[6]arènes esters. Des électrodes sélectives pour l'argent ont également été mises au point en exploitant la sélectivité des calixarènes [93], tandis que des dérivés des calixarènes-couronnes-6 ont été utilisés pour confectionner des électrodes sélectives pour Cs(I) [94].

Des calixarènes peuvent jouer un rôle important en tant que catalyseurs de réactions chimiques. La société LOCTITE utilise des dérivés du calix[4]arène dans la fabrication des adhésifs cyanoacrylés [95].

Trois nouveaux composés dont la partie phénylique a été substituée par un groupement alkyoxycarbonylmethoxy ont été synthétisés et incorporés aux membranes à base de PVC contenant le sebacate dioctylique [96]. Ces membranes sont utilisées dans des électrodes pour la détermination potentiométrique des amines primaires, des catécholamines, des esters méthyliques et des ions alcalins et alcalinoterreux. Des mesures ont été faites dans une solution d'acétate de lithium 0.1M en milieu tampon d'acide acétique (pH = 5.0) pour les esters d'acide aminé. Les mesures potentiométriques ont été effectuées à température ambiante avec un multimètre équipé d'une électrode de référence à double jonction Ag/AgCl. L'examen des coefficients de sélectivité et du spectre ^{1}H RMN montre la formation d'un complexe entre les ions NH_3^+ et le groupement carbonyle des calixarènes synthétisés. Les électrodes fabriquées ont été utilisées dans la détermination de la dopamine dans le sang.

Au niveau de notre laboratoire, nous avons mis au point une électrode sélective aux ions du Nickel à base d'un nouveau dérivé de calix[6]arène synthétisé. La présence du groupement *t*-Octyle a amélioré considérablement les performances de cette électrode [97].

La compagnie Hitachi Chemical utilise certains p-phénylcalixarènes et leurs dérivés polymériques comme absorbants de métaux lourds pour la préparation de films de cuivre sur des circuits imprimés [98,99].

La plus importante application des calixarènes durant ces dernières années est le traitement des déchets nucléaires. L'extraction très sélective des métaux radioactifs à l'aide des calixarènes a permet de traiter de déchets radioactifs de moyenne activité conduisant à des composés riches en nucléides radioactifs et inactifs. Parmi ces radioéléments se trouvent ^{137}Cs, ^{90}Sr et des actinides de longues durées de vie. Il est donc souhaitable de les séparer de la matrice inactive afin de réduire le volume des déchets à stocker en formation géologique. Les études d'extraction de Cs(I) par des 1,3-calix[4]arènes mono et bis-couronnes-6 à travers des membranes liquides supportées montrent que la remarquable sélectivité Cs(I)/Na(I) peut être utilisée pour la séparation de Cs(I) de déchets radioactifs. Ces résultats ont fait l'objet d'article de brevets européens [100-102]. La forme géométrique des calixarènes permet l'inclusion de bon nombre de molécules organiques, et en premier lieu de différents solvants. Des résultats d'analyses élémentaires ainsi que des structures cristallines ont révélé la présence de molécules de chloroforme [103] et de toluène [104] (Figure I-18).

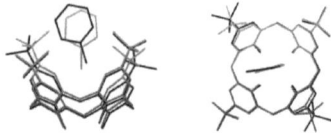

Figure I-18 : Structure cristalline d'un complexe d'inclusion du toluène dans le p-tert-butylcalix[4]arène. (réf. 104)

Etant donné la faible acidité des protons phénoliques des calixarènes, l'extraction liquide-liquide des cations alcalins par des calixarènes "parents" se faisait également en faveur du césium et pour un domaine de pH très basique, l'ordre de sélectivité étant très similaire à celui du transport observé par Haverlock et al. [105].

De même, Abidi et al. [106], (Figure I-19), expliquent la structure du complexe formé par l'inclusion du césium dans la cavité lipophile du calix[4]arène "Upper-rim".

Figure I-19 : Structure cristalline du p-tert-butylcalix[4]arène-C

I. 6. Généralités sur l'extraction liquide-liquide

I. 6. 1. Principe

L'extraction liquide-liquide, également appelée extraction par solvant, est l'opération qui consiste à réaliser un transfert de matière entre deux phases immiscibles, une phase aqueuse chargée en métal, et une phase organique composée de diluant contenant un ou deux extractants. La séparation des deux phases est assurée par la différence de densité. Cette opération est fréquemment utilisée pour séparer un mélange liquide des constituants dont les volatilités sont faibles ou très voisines.

Pour que l'opération soit réalisable, il est nécessaire :

- Que les deux phases ne soient pas complètement miscibles.
- Que leurs masses volumiques soient différentes.
- Qu'il n'existe pas de réactions chimiques entre les divers constituants

I. 6. 2. Terminologie utilisée dans l'extraction liquide-liquide

- Soluté   :   Constituant à extraire.
- Diluant   :   Liquide contenant le soluté.
- Solution :   Ensemble « soluté + diluant »
- Solvant   :   Liquide destiné à extraire les solutés.
- Extraire :   Phase issue de l'opération contenant les solutés extraits (cette phase est riche en solvant).
- Raffinat : Phase résiduelle épuisée en soluté (cette phase est riche en diluant).
- Phase lourde : Phase ayant la plus grande masse volumique.
- Phase légère : Phase ayant la masse volumique faible.
- Phase aqueuse/phase organique : Ces termes sont lies à la nature du solvant et du diluant

I. 6. 3. Coefficient de distribution et Sélectivité

L'extraction d'un cation métallique d'une solution aqueuse vers une solution organique (mélange diluant-extractant) est caractérisée par les deux grandeurs suivantes : coefficient de distribution et sélectivité.

I. 6. 4. Coefficient de distribution

Les expressions des différentes constantes mettent en jeu des activités, soit encore un produit « concentration x coefficient d'activité », intervenant aussi bien en phase organique qu'en phase aqueuse. Ces coefficients d'activité sont le reflet des écarts à l'idéalité dans chaque phase. Dans notre travail, en phase aqueuse, ils peuvent être considérés comme constants, soit parce que nous travaillons avec un excès d'acide chlorhydrique, soit parce que les solutions sont très diluées. On considère la phase organique comme idéale et les coefficients d'activité tous égaux à 1, il est possible de confondre activités et concentrations.

La distribution d'une espèce métallique M entre une phase aqueuse et une phase organique s'exprime par la relation suivante :

$$D_M = \frac{[M]_{org}}{[M]_{aq}}$$

avec : $[M]_{org}$: concentration du métal dans la phase organique.

$[M]_{aq}$: concentration du métal dans la phase aqueuse.

Les mesures de distribution donnent des informations d'ordre stoechiométrique, thermodynamique et cinétique. Une extraction est importante si le coefficient de distribution en la phase aqueuse et la phase organique $D \gg 1$.

I. 6. 5. Sélectivité

Le pouvoir d'un solvant organique à séparer deux cations M et M' dans une solution s'exprime par le rapport de leurs coefficients de distribution respectifs D_M et D_M'

$$\alpha_{M/M'} = \frac{D_M}{D_{M'}}$$

par convention $\alpha_{M/M'}$ est supérieur à l'unité.

I. 6. 6. Types d'extractants et équilibres d'extractions

La nature chimique des extractants, ainsi que les interactions engendrées au cours de l'extraction, ont permis diverses classifications conventionnelles des processus d'extraction. La classification en trois catégories essentielles semble faire l'unanimité des auteurs [107-110].

- Extraction par solvatation.
- Extraction par échange de cations.
- Extraction par échange d'anions.

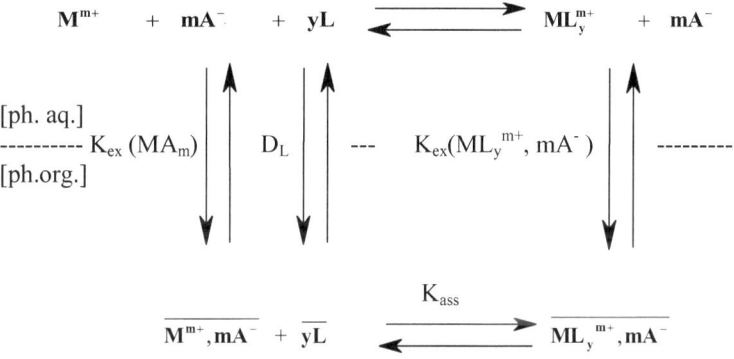

L'extraction d'un cation M^{m+} et de son contre-ion A^-, d'une phase aqueuse vers une phase organique contenant un ligand L neutre peut se décrire par les équilibres globaux donnés ci-dessus [111-112]. Les termes surlignés se réfèrent aux espèces et à leur concentration dans la phase organique. Le schéma ci-dessus met bien en évidence qu'il y a deux processus de formation du complexe, l'un dans la phase aqueuse et l'autre dans la phase organique. Ces deux processus sont en compétition et dépendent considérablement du pouvoir complexant du ligand dans chaque phase et de sa lipophilie [113]. Pour des volumes égaux de la phase aqueuse et de la phase organique, le bilan des différents équilibres représentés ci-dessus correspond à l'équilibre d'extraction global caractérisé par la constante, K_{ex}, définie par l'expression :

$$K_{ex} = \frac{\overline{[ML_y^{m+}, mA^-]}}{[M^{m+}][L]^y[A^-]^m} \tag{1}$$

Où $\overline{ML_y^{m+}, mA^-}$ représente la paire d'ions formée et le contre-ion A^- en phase organique. Cet équilibre est donc le résultat des équilibres suivants :

• De distribution du ligand entre les deux phases :

$$L \rightleftharpoons \overline{L} \qquad\qquad D_L = \frac{\overline{[L]}}{[L]} \tag{2}$$

Où D_L est la constante de distribution (ou de partage) du ligand ;

• De complexation en phase aqueuse :

$$M^{m+} + yL \rightleftharpoons ML_y^{m+} \qquad\qquad \beta = \frac{[M_y^{m+}]}{[M^{m+}][L]^y} \tag{3}$$

Où β est la constante de stabilité du complexe ;

• D'extraction du complexe de la phase aqueuse à la phase organique sous forme de paire d'ions :

$$ML_y^{m+} + mA^- \rightleftharpoons \overline{ML_y^{m+}, mA^-}$$

$$K_{ex}(ML_y^{m+}, mA^-) = \frac{\overline{[ML_y^{m+}, mA^-]}}{[ML_y^{m+}][A^-]^m} \tag{4}$$

Où $K_{ex}(ML_y^{m+}, mA^-)$ est la constante de distribution du complexe $K_{ex}(ML_y^{m+}, mA^-)$

• De distribution de la paire d'ions entre les deux phases :

$$M^{m+} + mA^- \rightleftharpoons \overline{M^{m+}, mA^-}$$

$$K_{ex}(MA_m) = \frac{\overline{[M^{m+}, mA^-]}}{[M^{m+}][A^-]^m} \qquad (5)$$

Où $K_{ex}(MA_m)$ est la constante de distribution de la paire d'ions ;

- De complexation de la paire d'ions par le ligand en phase organique :

$$\overline{M^{m+}, mA^-} + \overline{yL} \rightleftharpoons \overline{ML_y^{m+}, mA^-}$$

$$K_{ass} = \frac{\overline{[ML_y^{m+}, mA^-]}}{\overline{[M^{m+}, mA^-]}[\overline{L}]^y} \qquad (6)$$

Où K_{ass} est la constante d'association du complexe dans la phase organique.

La plupart des calixarènes fonctionnalisés étudiés se comportent comme des extractants neutres possédant des atomes donneurs d'électrons _(azote, oxygène, soufre)_ capables de former des liaisons de coordination avec le cation métallique extrait partiellement ou complètement déshydraté et de le solvater en solution organique. L'espèce extraite est sous forme de complexe neutre.

Lorsque le ligand est insoluble dans l'eau et que le diluant organique est assez polaire pour permettre une dissociation appréciable de la paire d'ions, l'équilibre global d'extraction peut être décrit par les équilibres (5) et (6). Dans ce cas, la constante d'extraction a pour expression :

$$K_{ex} = K_{ex}(MA_m)K_{ass} \qquad (7)$$

Les valeurs de K_{ex} et $K_{ex}(MA_m)$ sont accessibles expérimentalement et on peut ainsi déterminer la constante d'association K_{ass} [114]. Cette méthode, connue généralement sous le nom de « méthode de Cram », permet d'estimer et de comparer les propriétés complexantes de ligands insolubles dans l'eau et dans les solvants dissociant en général utilisés dans les études de complexation.

Lorsque le diluant organique est peu polaire, la distribution de la paire d'ions entre les deux phases peut être négligée. La constante d'équilibre d'extraction K_{ex} est donc définie par la combinaison des équilibres (2), (3) et (4) [115] :

$$K_{ex} = \frac{\beta K_{ex}(ML_y^{m+}, mA^-)}{D_L} \qquad (8)$$

D'après cette relation il est évident qu'une valeur élevée de K_{ex}, caractéristique du pouvoir extractant élevé d'un ligand, résulte d'une valeur élevée de la constante de stabilité du complexe formé dans l'eau, et/ou d'un bilan favorable entre la lipophilie du ligand et du complexe, elle même liée à leur conformation en solution [116]. D'une façon générale, l'extractant idéal forme un complexe stable avec le cation à extraire, il est hydrophile mais son complexe est beaucoup plus liposoluble. Dans le cas de ligands neutres, la lipophilie de l'anion joue aussi un rôle très important, Buncel et al [117] ont montré que le processus d'extraction est lié à l'énergie libre de transfert de l'anion entre les deux phases.

Lorsque le calixarène comporte une ou plusieurs fonctions acides, tout ou une partie de l'ensemble des protons correspondants de l'extractant LH_n sont échangeables avec le cation métallique M^{m+}, puisque l'électroneutralité du complexe formé est assurée par la déprotonation du ligand. Dans ce cas, l'équilibre à considérer est l'échange d'un ou plusieurs protons acides du macrocycle ionisable selon l'équation suivante :

$$M^{m+} + \overline{LH_n} \quad \rightleftharpoons \quad \overline{MLH}_{(n-m)} + mH^+ \qquad (9)$$

La constante d'extraction reliant les diverses espèces est:

$$K_{ex} = \frac{[\overline{MLH}_{(n-m)}][H^+]^m}{[M^{m+}][\overline{LH}_n]} \tag{10}$$

et le coefficient de distribution :

$$D = \frac{[\overline{MLH}_{(n-m)}]}{[M^{m+}]} = K_{ex}\frac{[\overline{LH}_n]}{[H^+]^m} \tag{11}$$

à partir de l'equation (11) on peut avoir :

$$Log\, D_M = Log\, K_{ex} + m\, pH + Log[\overline{LH}_n] \tag{12}$$

Selon l'equation (12), l'extraction sera d'autant plus efficace que la concentration de l'extractant sera forte et le pH de la phase aqueuse sera élevé. L'extraction de l'or dans ces conditions sera favorisée, nous tentons de mettre en évidence les équilibres prédominants dans nos systèmes à étudier.

I. 6. 7. Facteurs influant le procédé d'extraction

L'extraction par solvant est une opération fortement influencée par plusieurs paramètres, dont, la variation du pH, la nature du chélateur, la concentration de la phase aqueuse et organique, le rapport volumique des deux phases et la température. D'autres paramètres importants influent sur l'opération, tel que le temps d'agitation et le temps de décantation du mélange des deux phases.

I. 6. 7. 1. Influence du pH

Le système d'extraction est en fonction du pH de la phase aqueuse. L'influence du pH peut également se manifester vis-à-vis des cations métalliques qui, en présence d'ions (OH⁻) à concentration suffisante, peuvent donner des dérivés hydroxydes. Cette influence mérite une attention surtout pour un ensemble chélateur (ion métallique et solvant), la seule variable devient le pH, le reste étant constant. L'équilibre donné par l'équation (9) met en évidence l'échange cationique qui s'effectue entre les ions hydrogénés du ligand et les ions métalliques. Ce qui indique que la distribution du métal entre les deux phases dépend du pH de la phase aqueuse.

I. 6. 7. 2. Influence de la concentration de l'extractant

L'augmentation et la diminution de la concentration du ligand joue un rôle très important dans le processus d'extraction liquide-liquide en influençant la composition du complexe formé. Notons aussi d'autres paramètres qui peuvent avoir une influence sur le degré d'extraction, par exemple la variation de l'anion qui se trouve en phase aqueuse peut affecter le rendement d'extraction par effet des interactions anion-métal en phase aqueuse. Le coefficient de distribution D croît avec l'augmentation de la concentration de l'extractant comme l'indique l'expression (12).

I. 6. 7. 3. Influence de la nature du solvant

Parmi les solvants organiques polaires et apolaires utilisés comme des diluants dans l'extraction des métaux sont : le chloroforme, tétrachlorure de carbone et dichlorométhane. Leur rôle est d'améliorer certaines propriétés (volatilité, émulsivité) comme ils jouent un rôle fondamental dans la thermodynamique et la cinétique des échanges liquide-liquide. La nature du solvant peut avoir une influence sur l'efficacité de l'extraction. Toutefois, les solvants polaires favorisent l'homogénéité de la phase organique puisqu'ils retardent ou suppriment l'apparition d'une troisième phase liquide ou solide. En fait, leur choix est guidé par un compromis tenant compte des principaux critères tels que :

• une différence de densités des deux liquide en présence.

- une tension interfaciale très élevée pour permettre le contact des deux phases.

- une solubilité réciproque faible

Dans notre travail, les solvants utilisés dans le procédé d'extraction de l'or et de l'argent sont : le dichlorométhane et le chloroforme. Le tableau I-2 résume les propriétés physiques des solvants choisis.

	CH_2Cl_2	$CHCl_3$
Poids moléculaire (g/mol)	84,93	119,40
Point d'ébullition (°C)	39,80	61,20
Moment dipolaire (D)	1,14	1,15
Volume molaire (cm³)	67,8	79,5
Indice de réfraction	1.398	1.445
Densité (g/cm³)	1.252	1.5

Tableau I- 2: Propriétés physiques des solvants utilisés dans le procédé d'extraction des métaux.

I. 7. Procédés d'extraction de l'or et de l'argent

L'or est connu depuis la haute antiquité. Etymologie du nom: vient du latin aurum signifiant or, on parle de gisements aurifères. L'or est un métal jaune brillant, mou et malléable. Il ne réagit ni avec l'air, ni avec l'eau, ni avec les bases et la plupart des acides.

De tous les métaux, l'*argent* est le meilleur conducteur de la chaleur et de l'électricité. Résistant à la corrosion des acides dilués et à la plupart des composés organiques, il se dissout aisément dans l'acide nitrique et dans l'acide sulfurique concentré et chauffé, ainsi que dans les solutions diluées de cyanure de sodium ou de potassium, base d'un des procédés d'extraction de l'argent. De valence 1, il peut être également bivalent ou trivalent. On lui connaît 2 isotopes stables et 14 radio-isotopes dont certains sont des produits de fission de l'uranium. L'argent fut, semble-t-il, le troisième métal travaillé par l'homme après l'or et le cuivre. Les Égyptiens l'utilisaient déjà 4 000 ans av. J.-C. pour confectionner des objets d'art et 3 500 ans av. J.-C. comme monnaie. Depuis le XVIe siècle, l'argent est lié à l'histoire de l'Espagne, qui en retira d'énormes quantités de ses colonies d'Amérique, jusqu'au XIXe siècle. Son utilisation comme monnaie est constante depuis cinq millénaires, à titre soit d'étalon, soit de coétalon (bimétallisme).

I. 7. 1. Les techniques artisanales d'extraction de l'or
I. 7. 1. 1. L'orpaillage

Cette technique ancienne a longtemps été la plus fréquemment utilisée pour rechercher de l'or. Qui n'a pas en mémoire l'image classique, tirée des Westerns, des pionniers cherchant l'or en tamisant le sable des rivières. Un travail fastidieux qui s'effectue à la batée ou au long tom.

I. 7. 2. Les techniques modernes

En constante évolution, les techniques de recherche font appel à du matériel de plus en plus perfectionné (capable d'extraire le minerai à des profondeurs de -3500 m) et parfois même à des procédés chimiques ou biologiques pour soustraire des particules d'or de plus en plus fines.

I. 7. 2. 1. L'exploitation minière

Se fait à l'aide de foreuses. On procède ensuite au concassage et au broyage du minerai, qui sera mélangé à l'eau pour obtenir une boue fine (pulpe), soumise à des produits capables de séparer l'or des autres métaux.

I. 7. 2. 2. L'abattage hydraulique

Est une autre technique qui permet d'utiliser la puissance de l'eau pour désagréger la roche. Les dragues flottantes, équipées de suceuses à broyeurs, permettent de racler le fond des rivières aurifères et de traiter directement les matériaux sur le pont du bateau.

I. 7. 3. Extraction chimique de l'or et l'argent

I. 7. 3. 1. L'amalgamation et cyanuration

Est une technique qui remonte au XVIe siècle. C'est un principe très simple qui consiste à faire passer le minerai concassé sur une table recouverte de mercure. Les fines paillettes se concentrent entre-elles et s'amalgament au mercure. On chauffe l'amalgame pour évaporer le mercure, l'or se forme en boule et peut être facilement récupéré.

Plus récente la cyanuration est plus fiable que l'amalgamation au mercure. Cette technique, très utilisée de nos jours, permet d'extraire l'or inclus dans les sulfures (pyrite, mispickel). Celui-ci est dissout et récupéré par électrolyse.

Dans le de l'argent, si l'on excepte la fusion de l'argent natif, la coupellation est la méthode d'isolement la plus ancienne. Déjà connue des anciens Chinois et des Phéniciens, elle est encore la plus utilisée de nos jours. Il s'agit de séparer l'argent du plomb argentifère (et éventuellement d'autres métaux) par fusion à haute température en présence d'air. Le plomb, ou le métal le moins noble, plus facilement oxydable, peut ainsi être séparé de l'argent qui reste liquide. Un autre procédé, celui de l'*amalgame*, a été très employé en Amérique latine jusqu'en 1860. On mélange à du mercure soit des minerais contenant de l'argent natif, soit des minerais d'argentite et de cérargyrite préalablement traités au chlorure de sodium. Puis l'argent est retiré de l'amalgame par évaporation. Les méthodes actuelles de production sont la cyanurisation, qui s'applique à l'argentite et à la cérargyrite, et consiste à dissoudre ces composés dans du cyanure alcalin, puis à réduire par le zinc ou l'aluminium. Le *zingage*, où l'on fait fondre le plomb argentifère dans le zinc de façon à obtenir un alliage argent-zinc. Une partie importante de la production d'argent est obtenue à partir de résidus de fabrication d'autres métaux. Ce sont en premier lieu des boues anodiques provenant du raffinage électrolytique du cuivre, du nickel, etc., qui contiennent une forte proportion d'argent. On récupère également une partie de l'argent contenu dans les émulsions photographiques et dans les bains de révélateurs.

I. 7. 4. La lixiviation bactérienne

Dernière née des techniques d'extraction de l'or fait appel à l'infiniment petit pour récupérer les plus infimes particules d'or, inaccessibles par d'autres procédés. Comme son nom l'indique, elle emploie des bactéries (les thiobacilles) pour libérer l'or contenu dans le souffre et l'arsenic.

I. 7. 5. Utilisation de l'or et l'argent

Si l'or a perdu de l'importance dans des spécialités où il était roi comme les plumes de stylos, les montures de lunettes ou les dents, il a pris une plus grande importance dans des domaines comme l'informatique, la haute technologie ou le bâtiment. En effet, l'or dispose des vertus de résistance à la corrosion et de haute conductibilité électrique. Ces propriétés lui valent une place de choix dans l'élimination du rayonnement solaire, la conductibilité dans les circuits imprimés informatiques, la résistance aux radiations pour les satellites et les applications spatiales, l'anti-détection des avions... ainsi que dans les manipulations scientifiques.

En raison de sa faible résistance mécanique, l'argent est surtout utilisé sous forme d'alliage: avec le cadmium, en brasure et pour la soudure des bijoux; avec le cuivre pour la frappe des monnaies et des médailles; avec le mercure et l'étain pour les alliages dentaires; avec les métaux précieux (palladium, platine, or) en tant qu'alliages ternaires et quaternaires; et surtout avec le zinc pour les soudures, les brasures et les contacts électriques. Parmi les principaux sels d'argent: les halogénures et les phosphates sont utilisés en photographie; le nitrate sert à la fabrication de miroirs et de teinture pour les textiles et les fourrures; les cyanures et les sels doubles sont utilisés dans les procédés de galvanisation et le perchlorate dans l'industrie des explosifs. La frappe des monnaies n'absorbe plus que 10 % environ de la production mondiale, la photographie environ 30 %, de même que l'industrie électronique (contacts, condensateurs céramiques, circuits imprimés). L'argent est également utilisé en bijouterie, en orfèvrerie, en argenterie, pour le placage des métaux, en soudure, dans les éléments de batteries électriques, en chirurgie (plaques et fils de consolidation), en miroiterie, dans les thermocouples (pour la réfrigération), dans les purificateurs d'eau, en odontologie (plombages) et comme catalyseur. Le nitrate d'argent est encore utilisé comme fongicide et les cristaux d'iodure d'argent comme agent destiné à provoquer les précipitations atmosphériques.

I. 7. 6. Principales propriétés physico-chimiques de l'or

Les principales propriétés physico-chimiques de l'or sont regroupées dans le tableau ci dessous :

Masse atomique relative:	196.96655	Configuration électronique:	$[Xe] 4f^{142} 5d^{10} 6s^1$
Nombre d'oxydation:	-1,+1,+2,+3, +5,+7	Electronégativité:	2.4
Conductibilité thermique:	$317 \ W \ m^{-1} \ K^{-1}$	Résistivité électrique (20°C):	2.35 $\mu\Omega$cm
Rayon atomique:	144.2 pm	Etat physique (20 °C):	solide
Rayon ionique	(+1) 137 pm	(+3) 85 pm	
Densité (g dm^{-3}):	19320 (293 K)	Vol. molaire (cm^3 mol^{-1}):	10.19 (293 K) 11.11 (m.p.)

	17280 (m.p.)		
Point de fusion:	1064.18 °C	**Enthalpie de fusion:**	12.7 kJ mol^{-1}
Point d'ébullition:	2856 °C	**Enthalpie d'évaporation:**	343.1 kJ mol^{-1}
Température critique:	9227 °C	**Chaleur d'atomisation:**	365.93 kJ mol^{-1}
Energie de 1er ionisation:	890.13 kJ mol^{-1}	**Abondance de l'élément (air):**	-
Energie de 2ème ionisation:	1977.96 kJ mol^{-1}	**Abondance de l'élément (croûte terrestre):**	0.003 ppm
Energie de 3ème ionisation:	- kJ mol^{-1}	**Abondance de l'élément (océans):**	0.000004 ppm

Les potentiels de réduction de l'or sont regroupés dans le tableau suivant :

Demi-réaction	**Potentiel E° (V)/ENH**
$Au^{3+} + 2e^- \rightleftharpoons Au^+$	+1.41
$Au^{3+} + 3e^- \rightleftharpoons Au(s)$	+1.50
$Au^+ + e^- \rightleftharpoons Au(s)$	+1.68
$AuCl_4^- + 2e^- \rightleftharpoons AuCl_2^- + 2Cl^-$	+0.926
$AuBr_4^- + 2e^- \rightleftharpoons AuBr_2^- + 2Br^-$	+0.805
$AuCl_4^- + 3e^- \rightleftharpoons Au(s) + 4Cl^-$	+1.002
$AuBr_4^- + 3e^- \rightleftharpoons Au(s) + 4Br^-$	+0.858
$AuCl_2^- + e^- \rightleftharpoons Au(s) + 2Cl^-$	+1.154
$AuBr_2^- + e^- \rightleftharpoons Au(s) + 2Br^-$	+0.963

I. 7. 7. Principales propriétés physico-chimiques de l'argent

L'argent est connu depuis la haute antiquité. Etymologie du nom: vient du latin argentum signifiant argent. L'argent est un métal argenté, malléable et ductile. Il ne réagit ni avec l'eau, ni avec l'oxygène. Il réagit avec les composés soufrés pour former des sulfates. On trouve l'argent dans des minerais appelés argentite (AgS), proustite (Ag_3AsS_3), pyrargyrite (Ag_3SbS_3). Les alliages d'argent sont utilisés en joaillerie et surtout en photographie, c'est un bon conducteur thermique et électrique.

Les principales propriétés physico-chimiques de l'argent sont regroupées dans le tableau ci dessous :

Masse atomique relative:	107.8682	Configuration électronique:	[Kr] $4d^{10} 5s^1$
Nombre d'oxydation:	0,+1,+2,+3	Electronégativité:	1.93
Conductibilité thermique:	429 W m^{-1} K^{-1}	Résistivité électrique (20°C):	1.59 µΩcm
Rayon atomique:	144.2 pm	Etat physique (20 °C):	solide
Rayon ionique	(+1) 115 pm	(+2) 94 pm	(+3) 75 pm
Densité (g dm^{-3}):	19320 (293 K) 17280 (m.p.)	Vol. molaire (cm^3 mol^{-1}):	10.27 (293 K) 11.54 (m.p.)
Point de fusion:	961.78 °C	Enthalpie de fusion:	11.3 kJ mol^{-1}
Point d'ébullition:	2162 °C	Enthalpie d'évaporation:	257.7 kJ mol^{-1}
Température critique:	7207 °C	Chaleur d'atomisation:	284.09 kJ mol^{-1}
Energie de 1er ionisation:	731.01 kJ mol^{-1}	Abondance de l'élément (air):	-
Energie de 2ème ionisation:	2073.48 kJ mol^{-1}	Abondance de l'élément (croûte terrestre):	0.08 ppm
Energie de 3ème ionisation:	3360.61 kJ mol^{-1}	Abondance de l'élément (océans):	0.0003 ppm

Les potentiels de réduction correspondent aux demi-réactions de l'argent sont :

Demi-réaction	Potentiel E° (V)/ENH
$Ag^+ + e^- \rightleftarrows Ag_{(s)}$	+0.799
$Ag_2S_{(s)} + 2H^+ + 2e^- \rightleftarrows 2Ag_{(s)} + H_2S_{(g)}$	- 0.036
$Ag_2S_{(s)} + 2e^- \rightleftarrows 2Ag_{(s)} + S^{2-}$	- 0.712
$AgCl_{(s)} + e^- \rightleftarrows Ag_{(s)} + Cl^-$	+0.222
$Ag^{2+} + e^- \rightleftarrows Ag^+$	+1.998
$AgO^+ + 2H^+ + e^- \rightleftarrows Ag^{2+} + H_2O$	+2.016
$2AgO_{(s)} + 2H^+ + 2e^- \rightleftarrows Ag_2O + H_2O$	+1.41
$2AgO_{(s)} + H_2O + 2e^- \rightleftarrows Ag_2O + OH^-$	+0.599
$Ag_2O_{(s)} + 2H^+ + 2e^- \rightleftarrows 2Ag_{(s)} + H_2O$	+1.173
$AgCl_{(s)} + e^- \rightleftarrows Ag_{(s)} + Cl^-$	+0.228
$AgBr_{(s)} + e^- \rightleftarrows Ag_{(s)} + Br^-$	+0.073
$AgI_{(s)} + e^- \rightleftarrows Ag_{(s)} + I^-$	- 0.151
$Ag(CN)_2^- + e^- \rightleftarrows Ag_{(s)} + 2CN^-$	- 0.31
$Ag(S_2O_3)_2^{3-} + e^- \rightleftarrows Ag_{(s)} + 2S_2O_3^{2-}$	+0.017

I. 7. 8. Différents extractants chimiques utilisés dans l'extraction de l'or et de l'argent

I. 7. 8. 1. Extractants chimiques à base d'amines, nitriles et guanidines.

Les procédés chimiques classiques d'extraction des métaux nobles, notamment l'or et l'argent, sont des méthodes pyrométallurgiques tels que la précipitation, l'absorption sur le charbon actif, la cyanuration, le traitement avec les résines échangeurs d'ions et évaporation.

Zuo et coll. [118] ont étudiés la cinétique d'extraction et de dissolution de l'or et de l'argent en présence de cyanure de potassium sur un minerai sulfuré.

Les différents paramètres tels la taille du grain de minerai, la concentration en cyanure et l'hydrodynamise du processus ont été déterminés. Le mécanisme proposé de dissolution de l'or et de l'argent dans KCN est donné par les deux expressions suivantes :

- Pour l'or :

$$Au + 2CN^- + \frac{1}{2}O_2 + H_2O \rightleftharpoons Au(CN)_2^- + OH^- + \frac{1}{2}H_2O_2$$

- Pour l'argent:

$$Ag(CN)_2^- + OH^- \rightleftharpoons \frac{1}{2}Ag_2O + 2CN^- + \frac{1}{2}H_2O$$

La lixiviation chimique de l'or en présence des nitriles tels que l'acétonitrile (CH$_3$CN), le malononitrile (CNCH2CN) et le cyanoacetamide NH$_2$COCH$_2$CN a été étudiée par Murphy et coll. [119]. Ils ont montré que le malononitrile peut extraire l'or à 80%. L'avantage de ce procédé utilise un milieu aqueux à température ambiante, ainsi il est non coûteux et relativement non polluant. Un mécanisme à deux étapes a été proposé :

- La dimérisation de la malononitrile

$$CN-CH_2-CN + CN-CH_2-CN \rightleftharpoons (CN)_2C=C(NH)_2-CH_2-CN$$

- L'hydrolyse du dimère formé

$$(CN)_2C=C(NH)_2-CH_2-CN \rightleftharpoons (CN)_2C=C(NH)_2-CH_2-OH + CN^-$$

Suite à l'hydrolyse du dimère formé, les ions CN$^-$ formés sont responsables de la dissolution de l'or dans le minerai. Un inconvénient majeur de ce processus est la dégradation rapide des nitriles utilisés.

Trois systèmes d'extraction liquide-liquide de l'or à partir des solutions alcalines contiennent des amines modifiées, des oxydes de phosphine et des dérivés de guanidine ont été étudiés [120]. L'extraction sélective des ions cyanoaurates à partir des solutions alcalines doit être effectuée au pH = 9. Cette condition exige que l'extractant doit exhiber une basicité élevée et une affinité importante envers les ions Au(CN)$_2^-$. Ces caractéristiques ont été établies aux amines primaire, secondaire, et tertiaire. La réaction d'extraction de l'or à l'aide d'une amine primaire est donnée par l'équation suivante :

$$\mathbf{Au(CN)_2^-} \ + \ \mathbf{H^+} \ + \ \overline{\mathbf{RNH_2}} \ \rightarrow \ \overline{\mathbf{RNH_3^+.Au(CN)_2^-}}$$

Les espèces surlignées se trouvent dans la phase organique.

L'ajout d'un modificateur tel que le tributyle phosphate (TBP) augmente considérablement la basicité de l'amine utilisée comme la montre la figure I-20. Cette basicité dépend aussi de la polarité du modificateur employé, elle augmente dans l'ordre croissant de l'ajout des esters phosphoriques suivants : Trialkyle phosphate < dialkyle phosphate < alkyle dialkyle phosphinate <trialkyle phosphine oxide.

Le pourcentage d'extraction de l'or est passé de 80% à 99.95%.

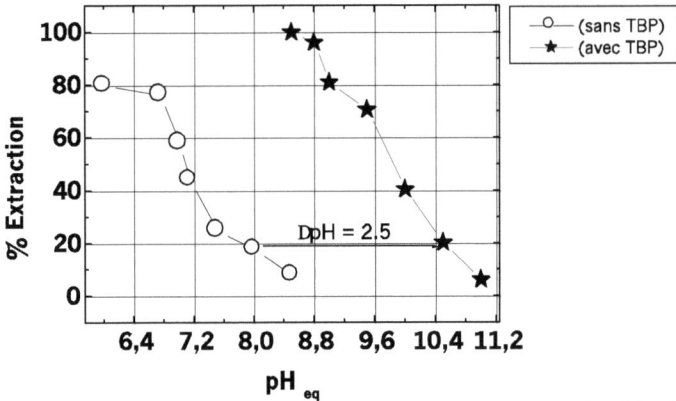

Figure I-20 : Effect de l'ajout de TBP sur le pourcentage d'extraction de l'or à l'aide d'une amine secondaire : Adogen 283, 0.05 M dans xylene. (réf.121)

Les amines ont été utilisées pour extraire l'argent à partir des milieux chlorhydrique, sulfate, cyanure et nitrate ; mais l'efficacité de ces processus dépend toujours de la concentration de l'acide dans la phase aqueuse. Toutefois, il a été trouvé que l'extraction d'argent par les amines est plus efficace à partir du milieu chlorhydrique (1-2M d'acide chlorhydrique) qu'en milieu sulfate ou nitrate. La sélectivité des amines pour l'argent est très faible quoiqu'il soit rapporté que la séparation des ions Ag(I) et Cu(II) par le trilaurylamine est réalisable qu'après ajustement des conditions expérimentales [121].

Inokuma et coll. [122] ont étudié neuf dérivés d'aminimide comme extractants des ions Cu(II), Ni(II), Ag(I) et Pb(II). Un volume de 5 ml de 0.1mM-aminimide dans CH_2Cl_2 a été agité pendant 2 h avec 5 ml d'une solution de nitrate d'argent 0.1M. Le pH de la phase aqueuse a été ajusté à 5.3 avec une solution tampon d'acétate 0.1M. Après séparation des deux phases, une partie de la couche organique a été évaporée à sec. Le résidu obtenu a été dissous dans HNO_3 dilué et les cations ont été analysés par SAA. Les résultats montrent que l'extraction est quantitative pour l'argent.

Des substitués de 1.-5- diphenylformazans ont été dissous dans le toluène et le dichlorométhane pour être utilisés dans l'extraction liquide-liquide de l'argent à partir d'une solution préparée d'un minerai de cuivre [123]. La procédure consiste à attaquer un échantillon d'un minerai de cuivre à l'aide d'un mélange d'acide nitrique et sulfurique. Une fois la solution obtenue est filtrée, le pH du milieu est ajusté à 11 par une solution tampon de borate ou de citrate. L'extractant F-49 : ([1,5-bis-(2-iodophenyl)formazan-3-(N-phenyl)carboxamide] dissous dans le CH_2Cl_2 est mis au contact avec la phase aqueuse pour extraire l'argent à un pourcentage élevé. Ce même taux d'extraction d'argent a été aussi obtenu en utilisant comme extractants le thiobenzanilide et le dérivé de thiopicolinamide [124]. Les ions Ag(I) en phase aqueuse ont été déterminés par spectroscopie d'émission de plasma.

Au début des années 80, le groupe de Henkel a développé un nouveau type d'extractant basé sur les dérivés de guanidine [125]. La structure chimique de cet extractant est :

L'efficacité d'extraction de l'or à l'aide   de guanidine dépend des groupements R. On note l'existence de quatre types de guanidine à savoir :

- Guanidine monosubstituée, lorsque R2 = R3 = R4 = R5 = H
- Guanidine asymétrique substituée, lorsque R3 = R4 = R5 = H
- Guanidine symétrique disubstituée, lorsque R2 = R4 = R5 = H
- Guanidine asymétrique trisubstituée, lorsque R3 = R4 = H

Les dérivés de guanidine   agissent comme des bases, leur basicité est supérieure à celles des amines. Ils ont un pKa > 12.5. Les résultats des travaux du groupe Henkel brevetés résumant des tests d'extraction liquide-liquide de l'or à l'aide de deux extractants : le N, N-bis(tridecyl) guanidine (bis TDG) et le N,N-bis(2-ethylhexyl) guanidine (bis EHG) sont exprimés par le tableau I-3. Deux volumes égaux de la phase organique et la phase aqueuse, contenant respectivement, le dérivé de guanidine et une solution synthétique de KCN avec 10 ppm d'or ont été mis en contact   pendant 5 minutes et agités pendant 10 heures. Après séparation des deux phases, le   pourcentage d'extraction atteint 100%. Ce dernier diminue avec l'augmentation du temps d'agitation et du pH de la solution.

Extractant Concentration, 0.01 M	pH	% Extraction
Bis TDG	09.10 10.05 11.10 12.3	100 97 82 19
Bis EHG	08.75 10.40 11.80 12.10	100 92 34 30

Tableau I-3 : Extraction liquide-liquide de l'or à partir des solutions cyanurées (Au : 10 ppm ; KCN : 500 ppm) à l'aide des guanidines symétriques disubstituées bis TDG, bis EHG (réf.125).

I. 7. 8. 2. Extractants à base des phosphines, d'éthers couronnes

Très récemment, des travaux portés sur l'extraction de l'or à l'aide des extractants fabriqués par des firmes spécialisées ont été publiés. Ces extractants sont souvent codifiés et portent un nom commercial. Ils sont fonctionnalisés par des groupements alcool ou cétone [126], oxydes phosphines [127], amines [128,129] et acide phosophinique [130,131]. Cependant, parmi eux, ils présentent quelques inconvénients majeurs, tels que : une dégradation rapide, une faible extraction dans le milieu fortement acide, un pourcentage très faible de réextraction, une solubilité importante dans l'eau et une sélectivité médiocre dc l'or par rapport à d'autres métaux dc transition.

L'efficacité de Cyanex 471X comme extractant des ions d'or Au(III) à partir des solutions d'acide chlorhydrique a été étudiée [132]. Le système d'extraction exploré est influencé par des paramètres expérimentaux, tels que la concentration d'extractant, solvant organique et la concentration en acide chlorhydrique. L'extraction atteint une valeur maximale dans un domaine de concentration en acide varie entre 1 et 3 M en HCl. Le rapport molaire entre la phase organique et la phase aqueuse est estimé à 1.2, ce qui laisse à supposer que la stoechiométrie probable de l'espèce extraite est définie par $HAuCl_4L$ avec Log K_{ex} = 3.79. Pour ce système, la réextraction est possible seulement en utilisant des solutions de thiosulfate de sodium.

L'extractant disponible dans le commerce, le Cyanex 923 (mélange d'oxydes de phosphine) a été étudié pour être appliqué dans l'extraction de l'or à partir des milieux cyanuré et chlorhydrique à travers une membrane liquide [133] . L'ajout des sels de lithium dans ces milieux améliore le transport du métal à travers cette membrane, tandis que le diluant organique ne semble pas influencer le processus d'extraction. L'accroissement de la concentration en HCl jusqu'à une concentration de 5.10^{-1} M augmente considérablement le transport des ions de l'or vers la phase organique. Le procédé de réextraction est assuré par des solutions de thiocyanate de sodium. À partir des données expérimentales, l'épaisseur de la membrane liquide et le coefficient de transfert de masse ont été calculés pour les deux milieux étudiés.

L'extraction des ions Au(I) contenus dans une solution riche en ions CN⁻ à l'aide d'un mélange d'oxyde de phosphine (cyanex 932) et l'amine Primene JMT dans le xylène a été étudiée à diverses valeurs du pH, concentrations des mélanges d'extractants et des ions métalliques [134]. Le comportement du système d'extraction avec les différents solvants organiques utilisés ainsi que le complexe métal-cyano formé a été également exploré. Le mécanisme d'extraction de l'or est discuté sur la base du traitement numérique des données expérimentales. L'espèce formée dans la phase organique ayant la stoechiométrie probable $HAu(CN)_2RNH_2(R_3PO)_n$, n étant 1 avec une constante d'extraction K_{ext} = log 11.94±0.07). La réextraction de l'or des solutions organiques a été également étudiée en utilisant des bases alcalines (NaCN à 50° C ou NaOH à 40° C). Vu leur pouvoir puissant d'ioniser les ions métalliques, en particulier les ions d'argent, les éthers couronnes ont été largement étudiés [135-144].

L'extraction des ions d'argent avec des couronnes a été étudiée dans le système : Ligand-benzène/$AgNO_3$-KNO_3-HNO_3 [145]. La concentration de l'argent a été déterminée par radiation-gamma en utilisant 110 mg de radionucléide. Les résultats du procédé d'extraction montre la formation d'un complexe très stable de stœchiométrie (1 :1). (Métal- ligand).

L'argent peut être extrait sous forme de complexe à l'aide de 1,10-diaza-18-couronne-6 [1,4,10,13-tetraoxa-7,16-diazacyclo-octadecane] [146], le complexe formé dans le milieu tampon borate (pH = 7.5) contenant 0.1 mM du ligand et 0.4 d'acide picrique. La stœchiométrie du complexe : Ag-Ligand-pictrate est (1 :1 :1) avec une absorbance maximale λ_{max} = 368 nm (ε = 12500). La loi de Beer obéit dans l'intervalle de 0.4 à 8 µg/ ml de Ag(I).

L'extraction liquide-liquide de l'argent avec les dérivés de benzothia-couronnes a été étudiée par Shono et coll. [141]. Le système étudié est formé d'une phase aqueuse contenant 10^{-5} M de nitrate d'argent, 0.1mM d'acide picrique et d'une phase organique de 5.10^{-5} M de benzothia-couronne dans le chloroforme. Les pourcentages d'extraction de l'argent obtenus varient entre 40 et 90 % selon la concentration du ligand et les ions gênants présents en solution aqueuse. Ce procédé a été appliqué à l'extraction des ions Ag(I) à partir d'un minerai d'argent avec un rendement de 80%.

Le groupe de Zolotov a étudié la réaction de complexation de l'argent avec les composés macrocycliques aza en présence de rhodamine [142]. L'argent est extrait sélectivement du milieu tampon d'acétate de pH = 4.5 à l'aide de 7,8,9,10,18,19,20,21-octahydrodibenzo, [1,14,5,10] dioxadiazacyclononadecin dans 1,2-dichloroethane. Le complexe formé est caractérisé par une absorbance maximale λ_{max} = 580 nm (ε = 900,000) : Ag - ligand - picrate (1:1:1). La couleur du complexe est stable pendant 30 minutes. La loi Beer est vérifiée dans l'intervalle de 10 à 400 ng/ml de Ag(I). Les limites de tolérance aux ions gênants pour 2 µM de Ag(I) sont : NO_3^- :(105), Mn(II), Cd(II) et Co (II) : (70), Tl(I) : (3) , Pb(II), Zn(II), Ni(II) et SO_4^{2-} :10, Cu(II) : 300, Hg(II) : 200, Pd (IV) : 100, Fe(III) : (50 µM) .

Les coefficients de distribution de l'argent, de potassium, de thallium (I) et du plomb ont été déterminés par Clark et coll. [147]. L'effet synergique a été observé en utilisant deux extractants, le bis-(2-ethylhexyl) phosphate et le dicyclohexano-18-couronne-6.

Esevdic et coll. [148] ont extrait les ions d'argent et du mercure des milieux chlorhydriques et perchlorates en utilisant des extractants macrocycliques sulfurés. Ils ont montré que les extractants étudiés sont sélectifs pour l'argent et le rendement de l'extraction augmente avec l'accroissement du nombre d'atomes de soufre greffés sur les extractants.

Les composés benzothiacouronnes ont été utilisés dans l'extraction de quelques métaux de transition tels que l'argent, le cuivre et le platine. La synthèse de ces composés à savoir le 15-(4-hydroxyphenylazo)benzo-2,5,9,12-tetrathiacyclopentadecane (I) et le 15-(5-chloro-2-hydroxyphenylazo)benzo-2,5,9,12-tetrathiacyclopentadecane (II) a été élaborée par Muroi et coll. [149]. L'application des composés benzothiacouronnes à l'extraction des métaux univalents montrent que seuls l'argent et le cuivre ont été extrait dans le 1,2-dichloroethane à des pourcentages d'extraction très élevés. Ces thia-couronnes ont été aussi utilisés par Sekido et coll. [150] pour extraire les ions métalliques univalents de classe B. Le 4-picrylaminobenzo-1,4,8,11-tetrathiacyclopentadec-13-ène[15-picrylamino-1,3,4,7,8,10,11,13-octahydrobenzo-2,5,9,12-tetrathiacyclopentadecin] a été employé comme extractant énergique des ions Ag(I) et Cu(I). Les pourcentages d'extraction de l'argent et du cuivre sont respectivement 99.8% et 99.7%. La réaction de complexation de l'argent avec le ligand synthétisé est caractérisée par une bande d'absorption à $\lambda_{max} = 450$ nm. A pH = 8, plusieurs ions métalliques présents en solution forment un précipité sous forme d'hydroxyde. Pour prévenir de l'effet d'ions gênants tels que Co(II), Ni(II), Cu(II), Zn(II), Cd(II) et Fe(III), une solution de tartrate de sodium a été utilisée.

La séparation entre les ions Ag(I) et Cu(II) à partir d'une solution obtenue d'un minerai d'argent a été étudiée [151]. Le dicyclohexyl-18-courone-6 extrait sélectivement les ions d'argent par rapport aux ions de cuivre.

L'effet synergique de l'oxyde de trioctylphosphine et le dibenzo-18-couronne-6 sur l'extraction de l'argent a été démontré [152]. Le maximum d'extraction des ions Ag(I) de la phase organique a été obtenu lorsque les deux extractants sont employés à des concentrations équimolaire.

L'extraction de l'or à l'aide des éthers couronnes a été bien étudiée à cause de la forme anionique que présente l'or en milieu acide. L'or existe sous forme de Au (I) et Au (III) mais la forme dominante est [AuCl$_4$]. Les ions Au (III) ont été extrait à l'aide de dérivé Bistriazolo éther couronne à faible rendement. L'extractant est plutôt sélective envers les ions Hg(II) que les ions Au(III). Par contre, le dérivé d'éther couronne (dicyclohexyl-18-couronne-6) extrait quantitativement l'or à partir d'un minerai aurifère [153]. Un volume de 100 ml d'une solution aqueuse préparée à partir d'un minerai aurifère a été agité avec 10 ml de dicyclohexyl-18-couronne-6 dans l'isobutyl méthyle cétone. La concentration de l'or dans la phase aqueuse a été déterminée par spectroscopie d'absorption atomique (SAA). L'effet des ions gênants de quelques métaux de transition sur la détermination de l'or est faible, seuls les ions Hg (II) exhibent une interférence sérieuse.

L'éther dibenzo-18-couronne-6 employé dans l'élaboration d'une électrode à base de charbon a été utilisé dans la voltamétrie inverse pour déterminer les ions Au(III) présents en solution[154]. La courbe d'étalonnage tracée à partir des solutions standard permet de déterminer la concentration de l'or dans l'échantillon. L'interférence des ions gênants tels que Zn(II), Co(II), Ni(II), Pb(II), Cu(II,) Cd(II,) Tl(I), Fe(III) sur la détermination de l'or est très faible malgré la valeur de la concentration de ces ions qui est 100 fois plus que celle de l'or. Les limites de détection de l'or, platine et palladium sont 8nM, 300nM et 20nM respectivement.

I. 7. 8. 3. Extractants à base de macromolécules

L'utilisation des macromolécules tels que les calixarènes comme extractant de l'or et d'argent ou comme matière électroactive utilisée dans la fabrication des électrodes sélectives a fait l'objet de quelques publications [155-158].

Le groupe de McKervey a élaboré pour la première fois une électrode sélective aux ions d'argent [155], la matière active est composée d'un mélange de calixarène (0.66%), tetrakis(4-chlorophenyl) borate de potassium(0.17%), bis(2-ethylhexyl) sebacate (65.85%) et de PVC (33.33%). La réponse de l'électrode aux ions Ag(I) a été étudiée en présence de quelques éléments de transition, une meilleure sélectivité envers l'argent a été obtenue quand le bis(2-ethylhexyl) sebacate est employé comme plastifiant. L'électrode a fait l'objet de quelques applications analytiques.

Au cours de l'étude de l'effet de différentes conformations de calix[4]arène sur la stabilité du complexe formé avec Ag(I), quelques groupes de recherche [159-164] ont mis en évidence la formation d'un complexe très stable avec l'argent quand le calix[4]arène adopte une conformation 1,3-aternée. Cette dernière est confirmée par le déplacement bathochromique lors de l'étude du spectre UV-visible du complexe formé [165].

La complexation de l'argent avec le dérivé calix[4]arène portant le groupement éther benzyle est attribuée aux interactions π entre le cation et le ligand avec une sélectivité élevée envers les ions Ag(I) par rapport aux métaux alcalins[166,167]. Cependant, le changement du groupement fonctionnel benzyle éther par un groupement contenant l'atome de soufre, diminue considérablement l'interaction π observée auparavant.

L'introduction du groupement thio ester (O-CH$_2$C(O)OCH$_2$CH$_2$SCH$_3$) sur le bord inférieur du calix[4]arène favorise l'extraction sélective des ions Ag(I) envers les métaux alcalins sauf pour le cas du sodium ou une baisse de sélective est observée. La mesure du coefficient de sélectivité de l'argent par rapport au sodium confirme cette diminution, (log K $_{Ag,\,Na}$ = - 1.2) avec une linéarité de la courbe d'étalonnage de 10^{-4} à 10^{-1} M [168,169].

L'extraction de l'argent d'un milieu nitrate 3 M a été étudiée par Ohto et coll.[170] en présence d'un excès des ions de palladium en utilisant le *t*-oct-calix[4]arène portant un groupement cétone sur le bord inférieur, (figure I-21.a). L'extraction au départ du processus est rapide mais l'équilibre thermodynamique est très lent. La Coordination entre Ag(I) et le ligand est due à la présence des atomes d'oxygène. Le remplacement du groupement tertio-butyle par le tertio-octyle a augmenté considérablement la solubilité du ligand et a amélioré la coalescence de la phase organique. Par contre, le remplacement du groupement ester par un groupement acide (COOH) ou la taille de la cavité calixarénique en passant de n = 4 à 6 diminue fortement la sélectivité du ligand [171].

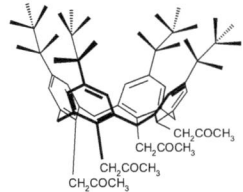

Figure I-21.a : Schéma du t-oct-calix[4]arène portant un groupement cétone

Le pouvoir complexant des groupements amide combinés   à une cavité calixarénique n = 4 permet d'extraire l'argent et l'or à des pourcentages de 45% et 71% respectivement [172].   La phase organique contient 3 mM du ligand dissous dans le chloroforme   et les sels des métaux (Argent, or, Platine et palladium) préparés dans une solution fortement acide (5 M HCl).

l'effet des ions gênants à savoir Cu(II) sur le transport de l'argent à partir d'une solution très concentrée en Cu(II) vers une phase organique contenant le calix[4]arène di- substitué (figure I-20.b) a été étudié par   Yaftian et coll. [173]. Ils ont montré que la substitution du bord inférieur par deux groupements fonctionnels influe sur le pourcentage d'extraction de l'argent, cependant le transport de l'argent vers la phase organique s'effectue par encapsulation des ions Ag(I) au bord inférieur de la cavité du calixarène.

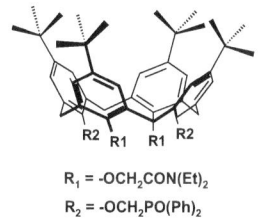

R$_1$ = -OCH$_2$CON(Et)$_2$
R$_2$ = -OCH$_2$PO(Ph)$_2$

Figure I-21.b : Schéma du t-butyl -calix[4]arène di- substitué

Les calix[n]arènes, avec (n = 4, 6), substitués par des groupements thiocarbamoyle forment des complexes très stables avec l'argent par rapport aux calixarènes substitués par des thioéthers [174]. Les pourcentages élevés d'extraction de l'argent, de plomb et de cuivre confirment le phénomène observé. Le même effet a été démontré par Yurdanov et coll. [158, 175] lorsqu'ils ont étudié l'extraction de l'or et l'argent à l'aide des calix[4]arène substitué de part et d'autre du bord inférieur et supérieur par des groupements dithiocarbamoyles. Le ligand 4 extrait   les métaux à des pourcentages faibles, Argent (60%), palladium (41%), mercure (73%) et l'or sous forme Au(III) à 47%, (figure I-21.c).

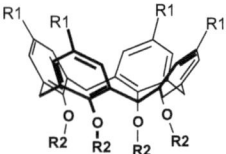

Ligand 1: R₁ = t-butyle   R₂ = CH₂CH₂SC(S)N(Me)₂
Ligand 2: R₁ = H   R₂ = CH₂CH₂SC(S)N((Me)₂
Ligand 3: R₁ = CH₃   R₂ = CH₂SCH₃
Ligand 4: R₁ = CH₂SCH₃ R₂ = R₁ = t-butyle
Ligand 5: R₁ = CH₂CH₂SC(S)N(Me)₂ R₂ = H

Figure I-21.c: Structure chimique des calix[4]arènes utilisés dans l'extraction de l'or et l'argent. (réf.175).

Dés que les groupements fonctionnels sont inversés, un changement important dans le procédé d'extraction est constaté, mais les pourcentages d'extraction de l'or restent inférieurs à ceux que nous avons trouvés en utilisant les dérivés de calix[6]arène [36]. L'utilisation des calixarènes substitués à la fois par des groupements amide et thioéther montre que l'enthalpie de formation du complexe ligand-Argent est influencée par la combinaison de deux ou plusieurs groupements fonctionnels [176,177]. Un autre phénomène impressionnant a été observé lors de l'extraction de l'argent par les calixarènes porteurs des groupements azo-couronne-5, il s'agit de l'effet tunnel mis en évidence par spectroscopie de résonance magnétique nucléaire (RMN). La protonation des atomes d'azote qui se trouvent sur le groupement fonctionnel change le mode de complexation via la cavité du calixarène sous l'effet tunnel [178]. L'immobilisation du t-butylcalix[4]arène par les groupements OH ou (-OC(O)ph) dans d'une matrice polymérique permet l'adsorption des ions Ag(I) avec une faible interférence des éléments de transition sauf pour les ions ferriques Fe(III) [179].

Chapitre II
Mise en œuvre expérimentale
et techniques d'analyses

CHAPITRE II

MISE EN ŒUVRE EXPERIMENTALE ET TECHNIQUES D'ANALYSES

Dans ce chapitre, nous présentons les différentes procédures opératoires, les dispositifs expérimentaux et les techniques d'analyses utilisées dans la synthèse des calixarènes et dans le procédé d'extraction de l'or et de l'argent.

II.1. Réactifs

II.1.1. Réactifs organiques

Les réactifs organiques utilisés dans la synthèse organique et dans le procédé d'extraction sont de grade analytique (pureté > 99 %) et de grandes marques. Les solvants organiques employés sont :

- Acétonitrile (Merck)
- Méthanol (PANREAC)
- Ethanol (PROLABO)
- Heptane (PROLABO)
- Acétate d'éthyle (Riedel-deHaen)
- Hexane (PROLABO)
- Toluene (PROLABO)
- Dichlorométhane (Labosi)
- Chloroforme (Labosi)
- Teterachlorure de carbone (PROLABO)
- Triéthylamine (PROLABO)
- Tétrahydofurane (Merck)
- Pyridine (Merck)
- Aniline (Merck)
- $(COCl)_2$ (Merck)

- $CDCl_3$ (pour la RMN) (Merck)
- 2-picolyl chloride hydrochloride (Riedel-deHaen)
- p-toluenesulfonyl chloride (Riedel-deHaen)
- 2,2-dichloroacetyl chloride ((Merck)

II.1.2. Réactifs minéraux

Les sels minéraux utilisés sont :

- $AuCl_3$, (ABCR, D-Karlsruhe), pureté 99.9% (65% Au).
- $FeCl_2$, (Prolabo), purcté 99.9%.
- $CuCl_2$, (Prolabo), pureté 98%.
- $NiCl_2$, $6H_2O$, (Prolabo),pureté 98%.
- $CoCl_2$, $6H_2O$, (Labosi), pureté 98%.
- $PbCl_2$, (Merck), pureté 99%.
- $ZnCl_2$, (Riedel-deHaen), pureté 99%.
- $AgNO_3$, (Riedel-deHaen), pureté 99.8%.
- $Fe(NO_3)_3$, (Prolabo), pureté 98%.
- $Co(NO_3)_2, 6H_2O$, (Prolabo), pureté 98%.
- $Zn(NO_3)_2, 6H_2O$, (Labosi), pureté 98%.
- $Pb(NO_3)_2$, (Prolabo), pureté 99%.
- $Ni(NO_3)_2, 6H_2O$, (Prolabo), pureté 98%.
- $Cu(NO_3)_2, 6H_2O$, (Merck), pureté 98%.
- $MgSO_4$, (Riedel-deHaen), pureté 99%.
- Na_2CO_3, (Riedel-deHaen), pureté 99%.

II. 2. Méthodes physiques de caractérisation utilisées dans la synthèse des calixarènes et dans le procédé d'extraction des métaux étudiés.

II. 2. 1. Spectroscopie de résonance magnétique nucléaire

La résonance magnétique nucléaire est une technique utilisée pour l'analyse des structures de nombreuses molécules chimiques [180-183]. Elle sert principalement à la détermination structurale des composés organiques. La résonance magnétique nucléaire repose sur le magnétisme nucléaire, les noyaux de certains atomes (1H, 13C) possèdent un moment magnétique nucléaire, c'est à dire qu'il se comportent comme des aimants microscopiques caractérisés par une grandeur quantique : le spin . En spectrométrie RMN, on mesure l'absorption sélective dans le domaine des radiofréquences des atomes dont le noyau possède un nombre de spin différent de zéro. C'est le cas en particulier des atomes dont le noyau possède un nombre de masse A ou un numéro atomique Z impair (^{1}H, ^{13}C, ^{19}F...) [184-186]. Plus précisément, la RMN est un phénomène de résonance se produisant entre un système de noyaux d'atomes soumis à un champ magnétique et un rayonnement électromagnétique dont la fréquence est exactement égale à celle de la précession du moment magnétique des noyaux autour de la direction d'une molécule. Lorsqu'on applique un champ magnétique à un proton, il est susceptible d'absorber un photon et l'environnement de ce dernier modifie le champ magnétique qui lui est effectivement appliqué, et donc la fréquence Z qu'il absorbe: l'ensemble des différentes fréquences Z absorbées constitue le spectre RMN de la molécule. En chimie organique, l'interprétation de ce spectre, par comparaison avec des spectres types, contribue à l'établissement de la formule semi développée de la molécule [187,188].

Les spectres de RMN ^{1}H et ^{13}C des composés synthétisés ont été obtenus à l'aide de deux spectromètres de marque Brucker AC-250 et AC-300 (^{1}H RMN

250 et 300 MHz, [13] C RMN 63 et 75 MHz). Le solvant de référence interne est le TMS.

II. 2. 1. 1. Le déplacement chimique.

Lorsque l'atome d'hydrogène est engagé dans une liaison, le champ magnétique régnant au niveau du noyau est différent du champ magnétique appliqué H_0. On peut, en effet, considérer que les électrons de liaison forment un écran autour du noyau, écran qui se manifeste par l'apparition d'un champ local ΔH_0 opposé au champ H_0 et proportionnel à ce champ : $\Delta H_0 = -sH_0$. La constante de proportionnalité **s** , appelée constante d'écran, est indépendante du champ appliqué H_0 . Elle est fonction de l'environnement chimique du noyau, donc fonction de sa nature chimique.

Pour un proton caractérisé par une constante d'écran **s**, la fréquence de retournement de spin de ce proton vaut :

$$\mathbf{v} = \frac{\gamma}{2\pi}\mathbf{H_o}(1-\sigma)$$

Il résulte de ce phénomène que placés dans un champ magnétique H_0, les divers protons d'une molécule organique absorberont l'énergie à des fréquences différentes qui seront fonction des constantes d'écran correspondantes, donc de l'environnement électronique c'est-à-dire de la nature chimique des protons présents. L'analyse de ce « déplacement chimique » des fréquences d'absorption fournira des renseignements précieux sur la structure des molécules organiques.

Il est à remarquer que les constantes d'écran sont très faibles de l'ordre de quelques millionièmes. Cependant, le pouvoir de résolution des spectrographes RMN est remarquablement élevé (environ 1/10 Hz pour un appareil fonctionnant à 60 MHz). Cela permet, en fait, d'apprécier des variations de s de l'ordre de 2.10^{-9}.

La différence de fréquence d'absorption pour le retournement de spin des protons du dichlorométhane CH_2Cl_2 et du trichlorométhane $CHCl_3$ vaut 118,2

Hz, ce qui correspond à une différence $\sigma_{CHCl3} - \sigma_{CH2Cl2} = 1.97.10^{-6}$ qui est grande devant le pouvoir de résolution de l'appareil et par suite facilement mesurable.

II. 2. 1. 2. Mesure de déplacement chimique

La fréquence d'absorption d'un proton caractérisé par une constante d'écran s est proportionnelle au champ magnétique appliqué. Il n'est donc pas commode de repérer le déplacement chimique en fréquence puisque ce repère dépend du champ utilisé, donc de l'appareil. Aussi repère-t-on pratiquement les signaux de composé étudié par rapport au signal d'un composé de référence qui est généralement le tétraméthylsilane $(CH_3)_4Si$. Ce dernier possède une constante d'écran très élevée : il n'existe que très peu de composés organiques dans lesquels des hydrogènes présentent des s supérieurs.

Le déplacement chimique (mesuré en fréquence) du signal d'un proton par rapport au TMS est donné par :

$$\nu - \nu_{TMS} = \frac{\gamma H_0}{2\pi}\left(1 - \sigma\right) - \frac{\gamma H_0}{2\pi}\left(1 - \sigma_{TMS}\right) = \frac{\gamma H_0}{2\pi}\left(\sigma_{TMS} - \sigma\right)$$

Pour faire disparaître le terme H_0 on divise les deux membres de cette relation par ν_{TMS}, ce qui conduit à une grandeur notée δ, indépendante du champ H_0 appliqué :

$$\delta = \frac{\nu - \nu_{TMS}}{\nu_{TMS}} = \frac{\dfrac{\gamma H_0}{2\pi}\left(\sigma_{TMS} - \sigma\right)}{\dfrac{\gamma H_0}{2\pi}\left(1 - \sigma_{TMS}\right)} \approx \left(\sigma_{TMS} - \sigma\right)$$

(On peut négliger σ_{TMS} devant 1 , car il est de l'ordre du cent millième).

Les constantes s sont de l'ordre du millionième et il en est évidemment de même de leurs différences. Le déplacement chimique δ sera donc généralement exprimé en « parties par million» (ppm). Par contre, la fréquence d'absorption et le champ magnétique sont liés par une relation linéaire. Il est donc possible expérimentalement d'enregistrer les spectres RMN en opérant indifféremment à champ constant en faisant varier la fréquence, ou bien à fréquence constante en faisant varier le champ. Pratiquement la deuxième solution est, pour des raisons qui tiennent à l'appareillage, la plus fréquemment retenue

II. 2. 2. Chromatographie sur couche mince
II. 2. 2. 1. Définition et appareillage

La chromatographie sur couche mince (CCM) repose principalement sur des phénomènes d'adsorption : la phase mobile est un solvant ou un mélange de solvants, qui progresse le long d'une phase stationnaire fixée sur une plaque en verre ou sur une feuille semi-rigide en aluminium [189-192]. Durant notre synthèse les plaques en aluminium utilisées sont de marque Merck, de type Silicagel 60F$_{254}$.

Après que l'échantillon ait été déposé sur la phase stationnaire, les substances migrent à une vitesse qui dépend de leur nature et de celle du solvant.

Les principaux éléments d'une séparation chromatographique sur couche mince sont :

– la cuve chromatographique : un récipient habituellement en verre, de forme variable, fermé par un couvercle étanche.

– la phase stationnaire : une couche d'environ 0,25 mm de gel de silice ou d'un autre adsorbant est fixée sur une plaque d'aluminium à l'aide d'un liant comme le sulfate de calcium hydraté (plâtre de Paris) l'amidon ou un polymère organique.

– l'échantillon : environ un microlitre (ml) de solution diluée (2 à 5 %) du mélange à analyser, déposer en un point repère situé au-dessus de la surface de l'éluant.

– l'éluant : un solvant pur ou un mélange : il migre lentement le long de la plaque en entraînant les composants de l'échantillon.

II. 2. 2. 2. Principe de la technique

Lorsque la plaque sur laquelle on a déposé l'échantillon est placée dans la cuve, l'éluant monte à travers la phase stationnaire, essentiellement par capillarité. En outre, chaque composant de l'échantillon se déplace à sa propre vitesse derrière le front du solvant. Cette vitesse dépend d'une part, des forces électrostatiques retenant le composant sur la plaque stationnaire et, d'autre part, de sa solubilité dans la phase mobile. Les composés se déplacent donc alternativement de la phase stationnaire à la phase mobile, l'action de rétention de la phase stationnaire étant principalement contrôlée par des phénomènes d'adsorption. Généralement, en chromatographie sur couche mince, les substances de faible polarité migrent plus rapidement que les composants polaires.

Lorsque les conditions opératoires sont connues, elle permet un contrôle aisé et rapide de la pureté d'un composé organique. Si l'analyse, réalisée avec divers solvants et différents adsorbants, révèle la présence d'une seule substance, on peut alors considérer que cet échantillon est probablement pur.

De plus, étant donné que la chromatographie sur couche mince indique le nombre de composants d'un mélange, on peut l'employer pour suivre la progression d'une réaction.

II. 2. 2. 3. *Adsorbants et plaques chromatographiques.*

Par ordre d'importance décroissante, les adsorbants employés en CCM sont : le gel de silice, l'alumine et la cellulose.

II. 2. 2. 4. *Choix de l'éluant.*

L'éluant est formé d'un solvant unique ou d'un mélange de solvants. Un éluant qui entraîne tous les composants de l'échantillon est trop polaire ; celui qui empêche leur migration ne l'est pas suffisamment.

Choix de l'éluant dans le cas d'analyses :

– d'hydrocarbures : hexane, éther de pétrole ou benzène.

– de groupements fonctionnels courants : hexane ou éther de pétrole mélangés en proportions variables avec du benzène ou de l'éther diéthylique forment un éluant de polarité moyenne.

– de composés polaires : éthanoate d'éthyle, propanone ou méthanol.

II. 2. 2. 5. Dépôt de l'échantillon.

L'échantillon est mis en solution (2 à 5 %) dans un solvant volatil, qui n'est pas forcément le même que l'éluant : on emploie fréquemment le trichlorométhane (chloroforme), la propanone ou le dichlorométhane. La solution est déposée en un point de la plaque situé à environ 1 cm de la partie inférieure.

Il est important que le diamètre de la tache produite au moment du dépôt soit faible ; idéalement, il ne devrait pas dépasser 3 mm. Ce sont généralement les dépôts les moins étalés qui permettent les meilleures séparations. Pour augmenter la quantité déposée, il est toujours préférable d'effectuer plusieurs dépôts au même point, en séchant rapidement entre chaque application plutôt que de déposer en une seule fois un grand volume d'échantillon qui produirait une tache plus large.

L'échantillon est déposé à l'aide d'une micropipette ou d'un tube capillaire en appuyant légèrement et brièvement l'extrémité de la pipette sur la couche d'adsorbant en prenant soin de ne pas le détériorer.

On vérifie l'identité des composants présumés d'un échantillon, en procédant à un dépôt séparé d'une solution de chacun d'eux puis à celui de leur mélange. Ces solutions témoins permettent de comparer la migration de chaque composé avec celle de l'échantillon à analyser.

II. 2. 2. 6. Développement de la plaque.

Le développement consiste à faire migrer le solvant sur la plaque. Dans les analyses usuelles de laboratoire, le principal type de développement est la chromatographie ascendante : la plaque est placée en position verticale dans une cuve et le solvant qui en recouvre le fond monte par capillarité.

Le niveau de liquide est ajusté à environ 0,5 cm du fond de la cuve puis on introduit la plaque. Pendant le développement du chromatogramme, la cuve doit demeurer fermée et ne pas être déplacée.

Lorsque la position du front du solvant arrive à environ 1 cm de l'extrémité supérieure, la plaque est retirée de la cuve, le niveau atteint par le solvant est marqué par un trait fin, puis la plaque est séchée à l'air libre ou à l'aide d'un séchoir.

II. 2. 2. 7. Révélation.

Lorsque les composants de l'échantillon analysé sont colorés, leur séparation est facilement observable sur la plaque ; dans le cas contraire, on doit rendre les taches visibles par un procédé de révélation. Les taches sont ensuite cerclées au crayon. Les méthodes usuelles de révélation sont les suivantes : radiations UV , fluorescence , iode , atomisation, nous utiliserons les radiations UV. En exposant la plaque à une source de radiation UV, certains composés apparaissent sous forme de taches brillantes.

Si un indicateur fluorescent est incorporé à l'adsorbant, la plaque entière devient fluorescente lorsqu'elle est soumise à une radiation UV ; les composés y sont révélés sous forme de taches sombres.

II. 2. 2. 8. Calcul de R_f (rapport frontal).

$$R_f = \frac{d_i}{d_s}$$

d_i : distance parcourue par le composé (mesuré au centre de la tache)

d_s : distance parcourue par le front du solvant

II. 2. 3. Appareil à détermination visuelle du point de fusion

La mesure du point de fusion est la mesure de la température de fusion du produit synthétisé qui se trouve à l'état solide [193]. Les mesures des points de fusion des calixarènes synthétisés ont été effectuées sur deux appareils de marques Gallenkamp et Büchi 540. Ce dernier est équipé d'une chambre de mesure avec un bloc chauffant pouvant recevoir 3 tubes capillaires. L'observation des échantillons est facilitée par un éclairage et un excellent système optique. Une sonde en platine permet la détermination très précise de la température. Montée en température réglable de 0,5°C à 10°C par minute.

II. 2. 4. Spectroscopie de masse

La spectroscopie de masse repose sur la structure du noyau (qui correspond à 99,97% de la masse de l'atome). Parmi les éléments, on connaît près de 1000 isotropes (même nombre de protons, mais nombre de neutrons différent). Il existe des isotropes stables ou instables (radioactifs), et des isotopes naturels ou artificiels.

La spectroscopie de masse est capable de trier les éléments en fonction du rapport charge électrique par la masse de l'élément (rapport e/m) [194-196].

II. 2. 4. 1. Principe de la spectroscopie de masse

Il suffit de combiner l'action d'un champ électrique et d'un champ magnétique. On introduit des ions positifs entre deux plaques à différent potentiel: il s'ensuit une accélération des ions. Leur énergie cinétique est alors: $E_c = e.V$ (avec e la charge de l'ion et V la différence de potentiel entre les deux plaques). Arrivé dans un champ magnétique, l'ion subit une force $F = H.e.v = (m.v^2)/R$ (avec H la valeur du champ magnétique, m la masse de l'ion, v sa vitesse et R le rayon de la trajectoire décrite par l'ion dans le champ magnétique). Alors, on a la relation:

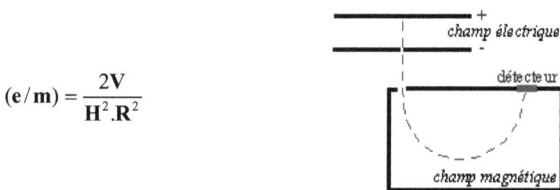

$$(e/m) = \frac{2V}{H^2.R^2}$$

Il est donc facile de sélectionner une certaine valeur de (e/m) en faisant varier V ou H. Ce dispositif très sensible permet de connaître tous les différents isotropes présents dans le matériau à tester, ainsi que leur quantité. Mais pour cela il faut introduire des ions gazeux. De plus un vide poussé est nécessaire pour cette spectroscopie. Cette technique est donc lourde d'utilisation. Actuellement, les détecteurs informatisés permettent d'obtenir directement un spectre étalé.

Les spectres de masse des produits synthétisés ont été obtenus à l'aide d'un spectrophotomètre de masse de marque Finnigan MAT 711 instrument, dans les conditions opératoires : T= 200°C, 80 eV, 8 KeV.

II. 2. 5. Spectrométrie d'absorption moléculaire (UV-visible)

La détermination spectrophotométrique ultraviolet-visible consiste essentiellement à mesurer le rapport I_0/I de l'intensité d'un faisceau lumineux avant et après traversée de l'échantillon [197-199]. L'absorption est due aux vibrations des électrons des molécules dans le champ électromagnétique lumineux. Dans la majorité des cas cette absorbance est linéaire avec la concentration de l'échantillon à analyser qui est donnée par la loi de Beer-Lambert :

$$\text{Log } (\frac{I_0}{I}) = \varepsilon.\, l \,.C$$

Avec :

- I_o : intensité de faisceau lumineux incident ;
- I : intensité de faisceau lumineux après absorption ;
- ε : Constante dépendant de la fréquence caractéristique de l'élément à doser ; coefficient d'extinction moléculaire.
- l : longueur du trajet optique dans la flamme contenu l'élément à doser (en Cm) ;
- C : concentration de l'élément à doser (mole/litre) ;

Nos analyses ont été effectuées avec un spectrophotomètre à double monochromateur de marque Shimadzu UV-2101 PC assisté par micro-ordinateur. Dans ce cas le faisceau lumineux peut suivre, dans le compartiment cuve, deux trajets distincts ; sur l'un des deux est placé l'échantillon à mesurer (les ligands) et sur l'autre une référence (le dichlorométhane). A la sortie du compartiment, les deux trajets sont de nouveau fusionnés.

II. 2. 6. Spectrophotométrie d'absorption atomique

La spectrophotométrie d'absorption atomique est une méthode très utilisée pour doser les métaux présents en solution en analyse chimique. C'est une méthode de dosage rapide et précise et permet la détection des éléments à l'état de traces même en présence d'autres éléments en forte concentration. La S.A.A est basée sur la capacité que possèdent les atomes neutres d'un élément d'absorber ses radiations lumineuses caractéristiques. Les atomes sont obtenus par atomisation dans un brûleur où la solution contenant l'élément à doser est vaporisée. L'intensité du faisceau lumineux, de même longueur d'onde que celle émise par les atomes à l'état fondamental. La quantité d'énergie absorbée est directement proportionnelle au nombre d'atomes à doser. La concentration de l'élément à doser est donnée automatiquement l'appareil [200-203].

Nos analyses ont été effectuées sur un spectrophotomètre de marque Shimadzu de type AA6500 assisté par micro-ordinateur. Des courbes d'étalonnages ont été exploitées pour déterminer la concentration en ions métalliques (Au(III), Ag(I), Fe(III),

Cu(II), Pb(II), Zn(II), Ni(II) et Co(II) dans les échantillons prélevés. La détermination de l'or et l'argent à l'aide de la spectrophotométrie d'absorption atomique à partir des solutions synthétiques et des minerais aurifères a fait l'objet de plusieurs publications [204-210]. Les conditions standard d'analyse des ions métalliques par la méthode sont présentées sur le tableau (II.1).

Eléments	Longueur d'onde (nm)	Flamme	Sensibilité (ppm)
Plomb	283.3	Air /Acétylène	0.5
Nickel	341,5	Air /Acétylène	0,2
Cobalt	240,7	Air /Acétylène	0,2
Argent	328.1	Air /Acétylène	0.05
Or	242.8	Air /Acétylène	0.3
Cuivre	324.8	Air /Acétylène	0.1
Fer	248.3	Air /Acétylène	2.5
Zinc	213.9	Air /Acétylène	0.03

Tableau II-1 : Conditions standards d'analyse des métaux étudiés par la spectrophotométrie d'adsorption atomique (SAA).

II. 3. Procédures expérimentales de la synthèse des calixarènes parents

Les calixarènes parents dénommés produits de départ, à savoir, le calix[4]arène, le calix[6]arène et le thiacalix[4]arène, obtenus à l'échelle de quelques centaines de grammes, ont été synthétisés selon les références donnés en bibliographie [1,2,8,9]. Ces composés sont très utiles dans l'élaboration de nouveaux dérivés de calixarènes. Actuellement, ces composés sont commercialisés par des firmes spécialisées dans la synthèse organique.

II. 3. 1. Montage utilisé dans la synthèse des calixarènes parents

Vu la quantité des réactifs consommés dans l'élaboration des calixarènes parents, un ballon rond de 2 litres a été utilisé. Au cours de la synthèse, le milieu réactionnel devient trop visqueux, ce que justifie l'utilisation d'une hélice en verre entraînée par un moteur. Le montage est donné par la figure II-1

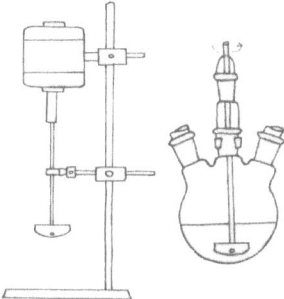

Figure II-1 : Montage du dispositif expérimental utilisé dans la synthèse des calixarènes parents.

II. 3. 2. Montage à reflux utilisé dans la synthèse des nouveaux dérivés des calixarènes

Le montage à reflux signifie que le milieu réactionnel est chauffé à la température d'ébullition du premier composé volatile, généralement le solvant. Ceci permet un brassage optimal du milieu réactionnel et optimise par activation thermique la réactivité des molécules. Le montage se compose donc d'un ballon, d'un réfrigérant et d'un système de chauffage (bain d'huile) et d'un système d'agitation magnétique. La température est contrôlée à l'aide d'un thermomètre et d'un thermostat permettant de réguler la température du bain d'huile.

Pour des raisons de sécurité, il est nécessaire de placer un support élévateur sous le système de chauffage de façon à pouvoir enlever cette source de chauffage rapidement.

Une seule fixation suffit au niveau du col du ballon. Le montage ne doit pas être incliné. Si plusieurs composés doivent être ajoutés progressivement et à des rythmes différents, on réalise alors un montage avec une ou plusieurs ampoules de coulée.

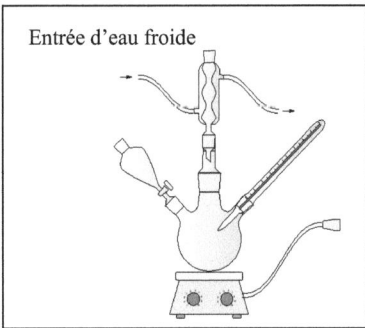

Figure II-2 : Montage à reflux utilisé dans la synthèse des dérivés des calixarènes

II. 4. Procédures expérimentales d'extraction des métaux étudiés

II. 4. 1. Extraction liquide-liquide

Avant chaque procédé d'extraction, les solutions aqueuses contenant le sel du métal à étudier sont fraîchement préparées et placées dans des fioles en verre bien fermées pour éviter la variation de volume. Les nouveaux dérivés des calixarènes utilisés comme extractants sont dissous dans les solvants organiques à savoir, le dichlorométhane ou le chloroforme pour donner une solution organique homogène.

Les conditions expérimentales standard sont les suivantes : la phase aqueuse est composée d'une solution du métal ($10^{-5} \leq C_M \leq 10^{-3}$) et de HCl 1M ; la phase organique est une solution du ligand synthétisé ($10^{-5} \leq C_L \leq 10^{-3}$) dans le chloroforme ou le dichlorométhane. Une dizaine de tubes à essais contiennent chacun deux volumes égaux (5 ml) de la phase organique et de la phase aqueuse sont agités pendant deux heures (temps prouvé largement suffisant pour atteindre l'équilibre thermodynamique). Après centrifugation et séparation des deux phases, la concentration résiduaire du métal dans la phase aqueuse est déterminée par spectroscopie d'absorption atomique (SAA)

Les expériences d'extraction liquide-liquide ont été menées dans des tubes à essai fermés hermétiquement. Ces derniers sont placés et agités à l'aide du dispositif expérimental donné par la figure II.3. La vitesse d'agitation des tubes autours de l'axe de rotation a été fixée à 54 tours par minutes (rpm). Afin de ne pas influencer certains paramètres telle que la température, le dispositif dispose d'une enceinte en verre permet de garder les tubes à une température fixe T = 25 °C, (température ambiante).

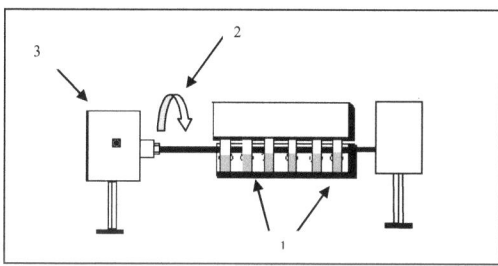

Figure II-3 : Schéma du dispositif expérimental utilisé dans l'extraction liquide-liquide (1): tubes à essais ; (2) : axe de rotation ; (3) : agitateur à vitesse réglable.

Figure II-4 : Ampoule à décanter utilisée pour séparer la phase aqueuse de la phase organique.

II. 4.2. Mesure du pH de la phase aqueuse

Les mesures du pH de la phase aqueuse avant et après extraction ont été effectuées à l'aide d'un pH-mètre inolab multi level (WTW) équipé d'une électrode de verre combinée (Schott N42). Cette électrode est constituée de deux compartiments de référence concentriques dans lesquels plongent deux électrodes Ag/ AgCl. La jonction entre la référence externe et la solution de mesure est assurée par un verre poreux. L'électrolyte de référence externe est une solution saturée en KCl 3M.

II. 5. Traitement des données expérimentales

II.5.1. Coefficient de distribution D

Il représente la distribution de la concentration du métal dans la phase organique par rapport à la concentration du métal à l'équilibre dans la phase aqueuse.

$$\mathbf{D} = \frac{[\mathbf{M}^{m+}]_{org}}{[\mathbf{M}^{m+}]_{eq}}$$

où $[M^{m+}]_{org}$ et $[M^{m+}]_{eq}$ représente respectivement la concentration totale des ions métalliques dans la phase organique et dans la phase aqueuse (mol/l).

En tenant compte de la valeur de la concentration des ions métalliques dans la phase organique :

$[M^{m+}]_{org} = ([M^{m+}]_i - [M^{m+}]_{eq})$, le coefficient de distribution D peut s'exprimer par :

avec : $$\mathbf{D} = \frac{([\mathbf{M}^{m+}]_i - [\mathbf{M}^{m+}]_{eq})}{[\mathbf{M}^{m+}]_{eq}}$$

$[M^{m+}]_i$: concentration initiale des ions métalliques (avant extraction) exprimée en (mol/l).

$[M^{m+}]_{eq}$: concentration à l'équilibre des ions métalliques (après extraction) exprimée en (mol/l).

II.5.2. Pourcentage d'extraction E (%)

Il est défini comme étant le rendement de la réaction d'extraction. C'est le rapport du nombre de moles de M^{m+} extraites sur celles qui s'y trouvent initialement dans la solution aqueuse.

$$E\ (\%)\ =\ \frac{([M^{m+}]_i\ -\ [M^{m+}]_{eq})}{[M^{m+}]_i} \times\ 100$$

Chapitre III
Résultats expérimentaux:
Synthèse des calixarènes

Chapitre III

RESULTATS EXPERIMENTAUX ET DISCUSSION

III. Synthèse des dérivés de calixarènes

La synthèse des dérivés de calixarènes a été menée au laboratoire de matériaux organiques de l'université de Bejaia en collaboration avec l'équipe du professeur Alessandro CASNATI du laboratoire de chimie des macromolécules, département de chimie organique et industrielle de l'université de Parme en Italie et l'équipe du docteur Rainer LUDWIG du laboratoire de synthèse des macrocycles, institut de chimie analytique et inorganique de l'université de Berlin en Allemagne.

Ce chapitre est consacré à la synthèse des dérivés de calixarènes et leur caractérisation. Notons que trois types de ces macrocycles ont été synthétisés, il s'agit des dérivés de calix[4]arènes, thiacalix[4]arènes et calix[6]arènes, avec un intérêt particulier pour les ligands calix[6]arènes appartenant à une nouvelle classe de molécules extractantes des ions Au(III).

D'abord, nous avons commencé par synthétiser les calixanènes de base indispensables pour le greffage des groupements fonctionnels sur les bords supérieur et inférieur de la cavité calixarénique.

III. 1. Synthèse des calixarènes parents
III. 1. 1. Synthèse de *p-tert-butyl-calix[4]arène*

Un mélange de p-tert-butylphénol, 37% formaldéhyde, et une quantité de NaOH correspondant à 0.045 équivalents relativement au phénol est chauffé pendant 2h à 110-120 °C pour produire une masse visqueuse épaisse appelée le " précurseur ". Ce dernier est alors chauffé dans un reflux d'éther diphényle durant 2h, le mélange est refroidi et traité par l'acétate d'éthyle. Le produit brut obtenu est séparé par filtration et recristallisé à l'aide de toluène donnant lieu à une poudre blanche de point de fusion de 142-144°C. Le schéma de synthèse est donné par la figure III-1. Le mécanisme réactionnel peut être expliqué comme suit :

Les groupements OH activent les protons en position ortho, ceux ci sont alors plus réactifs et sont arrachés par la soude, les groupements méthyle -CH_2 du formaldéhyde se fixent alors en positon ortho et lient les phénols entre eux ; il y a création de ponts méthylénique. A ce moment de la réaction il se forme un oligomère linéaire. Ce sont les ions Na(I) de la soude par effet « template » qui vont permettre aux phénols de se regrouper par huit en attirant les groupements OH, après neutralisation par un acide on obtient un calix[8]arène. Pour synthétiser les calix[4]arènes, il faut chauffer le mélange réactionnel pour couper les oligomères et interrompre l'action des ions Na(I).

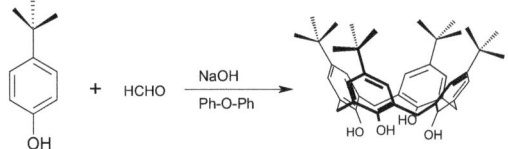

Figure 1 : Synthèse de p-tert-butylcalix[4]arène

III. 1. 2. Synthèse de *p-tert-butyl-calix[6]arène*

La synthèse de p-tert-butyl-calix[6]arène est obtenue de la même manière décrite ci-dessus (figure III-2), seulement la soude a été remplacée par la potasse.

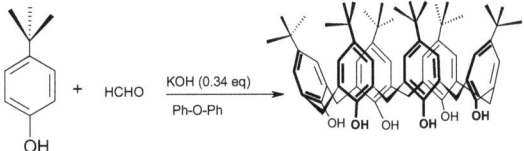

Figure III-2 : Synthèse de p-tert-butylcalix[6]arène

III. 2. Synthèse des dérivés du calix[6]arène

Nous avons synthétisé six nouveaux dérivés du calix[6]arène porteurs du groupement fonctionnel amide, il s'agit :

- Ligand **1** : (Aniline amide p-tert-butyl calix[6]arène)
- Ligand **2** : (Aniline amide p-tert-octyl calix[6]arène)
- Ligand **3** : (Aniline thioamide p- tert-butyl calix[6]arène)
- Ligand **4** : (Méthyl pyridique p-tert-octyl calix[6]arène)
- Ligand **5** : (Di-n-bythyl amide p-tert-butyl calix[6]arène)
- Ligand **6** : (Di-n-bythyl thioamide p- tert-butyl calix[6]arène)

Les noms des ligands donnés entre parenthèse sont selon la nomenclature simplifiée.

III. 2. 1. <u>Synthèse du ligand 1</u> : (5,11,17,23,29,35-Hexakis (tert-butyl)-37,38,39,40,41,42-hexakis (N-phenylcarbamoylmethoxy) calix[6]arène : $C_{114}H_{126}N_6O_{12}$

Le shéma de synthèse du ligand **1** est donné par la figure III-4. Le produit initial utilisé pour la synthèse du ligand est obtenu selon le modèle de synthèse donné en référence [48]. Le derivé hexakis carbomethoxy *tert*-butylcalix[6]arène (2.5 g,1.9 mM) a été séché et traité avec $(COCl)_2$ en présence du CCl_4 sous une atmosphère en azote pendant 12h à 75 °C. Le produit obtenu est placé sous vide afin d'enlever le solvant et puis dissous dans 10 ml de THF. La solution obtenue a été traitée avec un mélange de pyridine (28 mM) et d'aniline (28 mM) dans un bain contenant de la glace pendant 10 minutes. Après avoir agité le mélange obtenu pendant 24 h à la température 35 °C, un précipité de couleur blanche a été formé au fond du ballon rond. Ce précipité a été filtré et traité avec un mélange CH_2Cl_2/H_2O pour donner un produit pur. Le rendement de la réaction a été estimé à 87 %. La nomenclature du ligand **1** selon IUPAC est : 5,11,17,23,29,35-Hexakis (*tert*-butyl)-37,38,39,40,41,42-hexakis (N-phenylcarbamoylmethoxy) calix[6]arène. $C_{114}H_{126}N_6O_{12}$ (*Masse molaire* =1772.21), Analyse élémentaire (%) : calculée : C 77.26, H 7.17, N 4.74; trouvée : C 76.82, H 7.13, N 4.86; Le point de fusion : 277-279°C. ^1H RMN [$CDCl_3$/$CD_3C(O)CD_3$/CD_3OD, 3:1:1]: δ=1.15 (s, *t*Butyl, 54 H), 3.56 and 4.76 (2 d, Ar-CH_2, pour chaque 6 H, *J* =16.5 Hz), 4.33 (s, O-CH_2, 12 H), 6.69 (m, pH_{Ar}, 6 H), 6.83 (m, mH_{Ar} , 12 H), 7.10 (s, H_{Ar} of calix, 12 H), 7.31 (m, oH_{Ar}, 12 H), 8.6 (s, NH) ppm. . Le spectre infra-rouge IR (KBr): υ = 1690 cm^{-1} (νCO amide I), 753 and 692 (γCH, 5 H voisin de l'aniline), 1531 (Amide II), 3396 (NH); Chromatographie à couche mince, CCM : ($CHCl_3$/Ethanol, 9:1) R_f = 0.82. A cause de la faible solubilité du ligand **1**, nous avons synthétisé des calixarènes portant le groupement *tert*-octyle de la même manière que le ligand **1** (figure III-3) afin d'effectuer une comparaison entre eux.

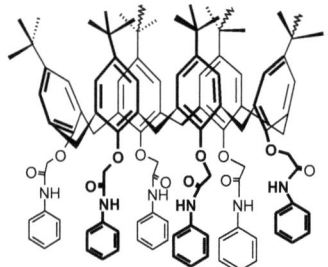

Figure III- 3: Structure chimique du ligand 1

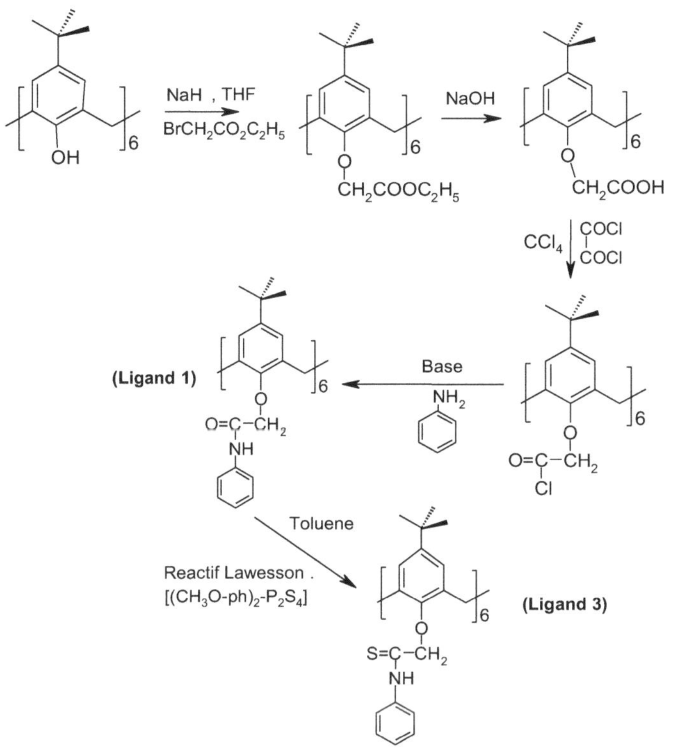

Figure III-4 : Schéma de synthèse des ligands 1 et 3

III. 2. 2. <u>Synthèse du ligand 2</u> : (5,11,17,23,29,35-Hexakis (tert-Octyl)- 37,38,39,40,41,42-hexakis (N-phenylcarbamoylmethoxy) calix[6]arène : $C_{138}H_{174}N_6O_{12}$

Le réactif initial utilisé qui est le hexakis(carbomethoxy) tert-octylcalix-[6]arène a été synthétisé selon la procédure décrite en référence [47]. 3.2 g de ce réactif initial ont été traités avec $(COCl)_2$ et CCl_4 sous une atmosphère en azote pendant 8 h à la température de 75 °C. Après avoir enlever les solvants dans un rotavapeur, le résidu formé a été dissous dans le THF et traité avec un mélange de triethylamine (23 mM) et aniline (23 mM). Le ballon contenant le mélange a été placé dans un bain glacé pendant 10 minutes afin d'éviter la dégradation de l'aniline suite à la réaction exothermique. Après refroidissement, la solution a été agitée pendant 24 heures à la température 38 °C et un précipité de couleur blanche a été formé au fond du ballon rond. Ce dernier a été filtré puis dissous dans le dichlorométhane pour donner une solution de couleur jaunâtre. Cette phase organique formée a été lavée 4 fois avec une solution HCl 1M, il s'agit de l'étape de protonation du ligand synthétisé. Séché et cristallisé par addition de l'éthanol, le produit formé est très pur. Le rendement de la réaction a été estimé à 83 %. La nomenclature du ligand **2** est : 5,11,17,23,29,35-Hexakis (*t*ert-Octyl)-37,38,39,40,41,42-hexakis (N-phenylcarbamoylmethoxy) calix[6]arène $C_{138}H_{174}N_6O_{12}$; (Masse molaire = 2108.8). Analyse élémentaire (%) : calculée. C 78.59, H 8.32, N 3.99; trouvée C 77.88,H 8.24, N 3.76; le point de fusion : 218-220 °C; DSC: 25.8 J/g à la température de fusion. Une phase transitoire endothermique est observée à 167 °C (-18.2 J/g). Cela est peut être interprété par la rupture des bandes d'hydrogène à l'état solide (confirmé par RMN : changement d'une conformation symétrique en conformation asymétrique). Les spectres ^{1}H RMN et ^{13}C RMN en utilisant comme solvant de référence (CDCl$_3$) sont caractérisés par des signaux pointus, cela indique que notre ligand se trouve en conformation symétrique rigide. Ce pendant, les calix[6]arènes avec un petit substituant possèdent souvent des pics avec des sommets élargis à la température ambiante. ^{1}H RMN: δ = 0.72 (s, *t*Oct, 54 H), 1.12 (s, *t*Oct, 36 H), 1.60 (s, *t*Oct, 12 H), 3.57 and 5.03 (2 d, Ar-CH$_2$, pour chaque H, J= 16.5 Hz), 4.31 (s,O-CH$_2$, 2 H), 6.83 (*m*, *p*H$_{aniline}$, 3 H), 7.08 (s, H$_{Ar}$ of calixarène , 2 H), 7.21 (*o*H$_{aniline}$, 2 H), 8.66 (s, NH, 1 H) ppm. ^{13}C RMN: δ = 29.7 (Ar-CH$_2$), 31.3 (1,1 dimethyl of *t*Oct), 31.8 (3 -CH$_3$ of *t*Oct), 32.4 (C3 of *t*Oct), 38.1 (C1 of *t*Oct), 57.2 (CH$_2$ of *t*Oct), 72.0 (O-CH$_2$), 120.8 (*o*C$_{Ar}$ de l'aniline), 124.3 (*p*C$_{Ar}$ de l'aniline), 127.4 (C$_{Ar}$-H de calix), 128.4 (*m*C$_{Ar}$ of aniline), 131.6 (*C*$_{Ar}$-CH$_2$), 136.8 (C$_{Ar}$-NH), 146.0 (C$_{Ar}$-*t*Oct), 151.1 (C$_{Ar}$-O), 167.3 (CO) ppm. Le spectre infrarouge a été obtenu en utilisant des pastilles en KBr. Les pics caractérisant les groupements fonctionnels du ligand **2** (figure III-5) sont : $\tilde{v} = 1691$ cm^{-1} (v CO amide I), 752 et 691 (γ CH, 5H d'aniline), 1533 (Amide), 3391 (NH); Chromatographie sur couche mince (CCM): (CHCl$_3$/EtOH, 9:1) $R_f = 0.86$. Le schéma de synthèse du ligand **2** est identique à celui du ligand **1**, seulement on a remplacé le groupement tertio-butyle qui se trouve sur le bord supérieur par un groupement tertio-octyl.

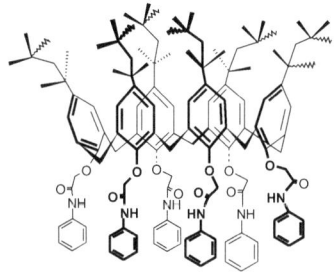

Figure III- 5: Structure chimique du ligand 2

III. 2. 3. <u>Synthèse du Ligand 3</u> : (5,11,17,23,29,35-Hexakis(tert-butyl)-37,38,39,40,41,42-hexakis(N-phenyl thiocarbamoylmethoxy) calix[6]arène : $C_{114}H_{126}N_6O_6S_6$

Le ligand **1** (1 g, 0.56 mM) a été dissous dans le toluène et traité avec 2,4-bis(4-methoxyphenyl)-1,3-dithia-2,4-diphosphetane-2,4-disulfide (4 mM) à 90 °C pendant 40 h. Après refroidissement, le mélange a été filtré et séché dans une pompe à vide afin d'éliminer le solvant. Le produit obtenu a été dissous dans CH$_2$Cl$_2$ et cristallisé dans le methanol. Cette opération a été répétée deux fois. Le rendement de la réaction a été estimé à 68%. Aucun produit intermédiaire n'a été formé pendant la réaction de thionation. La nomenclature du ligand **3** synthétisé est : 5,11,17,23,29,35-Hexakis(*tert*-butyl)-37,38,39,40,41,42-hexakis(*N*-phenylthiocarbamoylmethoxy) calix[6]arène, C$_{114}$H$_{126}$N$_6$O$_6$S$_6$ (Masse molaire = 1868.6) ; Analyse élementaire calculée : C 73.27, H 6.8, N 4.50, S 10.28; Trouvée: C 72.02, H 6.86, N 4.35, S 9.8; Le point de fusion : 240-242 °C . Le spectre RMN en utilisant comme solvant de référence (CDCl₃) quelques changement durant la réaction de thionation. ^1H RMN: δ = 1.12 (s, 54 H, *t*Bu), 3.62 and 4.41 (2 d, *J*=16.25 Hz, 6 H de chaque, CH₂-Ar), 4.5 (s, -O-CH₂, 12 H), 7.0 (s, 12H, H$_{Ar}$ du calixarène), 7.13 (m, 18 H, *m* and *p*H$_{Ar}$), 7.53 (d, 12 H, *o*H$_{Ar}$), 9.8 (s, 6 H, NH) ppm. ^{13}C RMN: δ = 29.9 (CH2-Ar), 31.3 (*t*Bu), 34.2 (quart C), *80.0* (-O-CH₂), 123.0 (*o*C$_{Ar}$ de l'aniline),126.6 (*p*C$_{Ar}$ de l'aniline), 126.9 (C$_{Ar\_}$H du calix), 128.6 (*m*CAr de l'aniline), 131.3 (C$_{Ar}$-CH₂), 137.3 (C$_{Ar}$-NH), 146.9 (C$_{Ar}$-*t*Oct),151.8 (C$_{Ar}$-O), *194.4* (CS) ppm. Le spectre infrarouge a été obtenu en utilisant des pastilles en KBr. Les pics caractérisant les groupements fonctionnels du ligand **3** (figure III-6) sont: $\tilde{v}$ = 1394 cm⁻¹(thioamide I), 997 (thioamide IV), disappeared 1690; Chromatographie sur couche mince (CCM): (CHCl₃/EtOH, 9:1) R_f = 0.92.

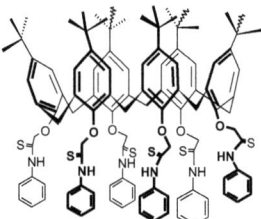

Figure III-6: Structure chimique du ligand 3

III. 2. 4. Synthèse du ligand 4 : (5,11,17,23,29,35-Hexakis-(tert-octyl)-37,38,39,40,41,42-hexakis [(2-pyridyl méthyl) oxy]calix[6]arène : $C_{126}H_{162}N_6O_6$

Le tert-Octylcalix[6]arène (6 g, 4.6 mmol) a été déprotoné avec de l'hydrure de sodium NaH en présence de tetrahydrofurane pendant 12 heures à la température 60°C sous une atmosphère en azote. Le mélange obtenu a été traité avec du triethylamine (11.5 ml) et de chlorure de 2-picolyl hydrochlorure(76.8 g). Le ballon rond contenant le mélange a été placé dans un bain glacé et agité pendant 3 heures puis chauffé à 50°C pendant 48 heures. Après refroidissement, le filtrat obtenu à travers l'entonnoir de Whatman a été dissous dans CH_2Cl_2/ ethanol (9:1), puis lavé avec de l'eau salée et 0.1 HCl. Le ligand **4** synthétisé de couleur jaune clair a été cristallisé dans l'hexane. Le rendement de la réaction est de 54%. La nomenclature du ligand synthétisé est : 5,11,17,23,29,35-Hexakis-(*tert*-octyl)-37,38,39,40,41,42-hexakis[(2-pyridylmethyl)oxy]calix[6]arène $C_{126}H_{162}N_6O_6$ (Masse molaire = 1856.62).

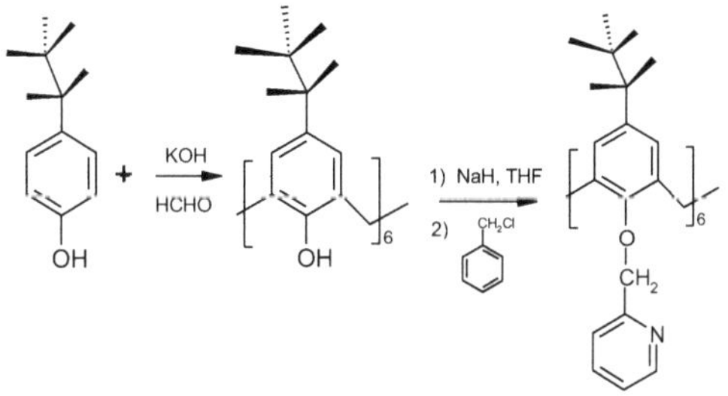

*Figure III-7: Schéma de synthèse du ligand **4***

Analyse élémentaire (%) calculée : C 81.5, H 8.8, N 4.53; trouvée C 81.60, H 8.79, N 3.98; spectroscopie de masse (EI), $[M^+]$, 1856 (L); Le point de fusion : 243-245 °C. Le spectre du ^1H RMN obtenu présente des pics élargis du groupement Ar-CH_2, O-CH_2 et H_{Ar} , cela signifie que ligand 4 se trouve en conformation flexible. En ajoutant 30% de CD_3OD stabilise le ligand dans une conformation stable. ^1H RMN: δ = 0.62 (s, 54H Me of *t*Oct), 1.29 (s, 36 H, dimethyl), 1.77 (s, 12 H, CH_2 du *t*Oct), 3.49 (br., 6 H, Ar-CH_2), 4.0 to 5.0 (br., 18 H, Ar-CH_2 et O-CH_2), 6.79 (s, 6 H, H_{py}), 6.9 to 7.1 (br. s, 24 H, H_{calix} and H_{py}), 8.24 [br. s, 6 H, H_{py}(N-CH)] ppm. ^{13}C RMN: δ = 31.5 (1,1 dimethyl de *t*Oct), 32.1 (3 x CH_3 du *t*Oct), 32.2 (Ar-CH_2), 32.4 (C_3 du *t*Oct), 37.9 (C_1 du *t*Oct), 56.9 (CH_2 du *t*Oct), 75.3 (O-CH_2), 122.0 (mC_{py}), 126.5 (C_{Ar}-H de calixarène), 132.6 (C_{Ar}-CH_2), 136.6 (mC_{py}), 140.2 (pC_{py}), 145.3(N-CH_{py}), 147.9 (C_{Ar} *de* *t*Oct), 151.8 (C_{Ar}-O), 157.9 (CH_2-C_{py}) ppm. Le spectre infrarouge a été obtenu en utilisant des pastilles en KBr. Les pics caractérisant les groupements fonctionnels du ligand **4** (figure III-8): (py) 753, 994, 1032, 1147, 1435 cm^{-1}; Chromatographie sur couche mince (CCM) : (CHCl$_3$/EtOH, 9:1) R_f = 0.63 (1 spot); (CH$_2$Cl$_2$) R_f = 0 (pas de produit de départ).

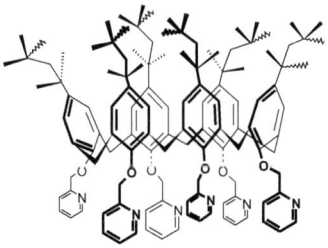

*Figure III-8: Structure chimique du ligand **4***

III. 2. 5. *Synthèse du Ligand 5* : *(5,11,17,23,29,35-Hexaakis(tert-butyl) - 37,38,39,40,41,42 hexakis [(N,N-di-nbutylcarbamoylmethoxy)- calix[6]arène* : *C$_{126}$H$_{198}$N$_6$O$_{12}$*

Le dérivé hexakis(carbomethoxy) tert-butylcalix-[6]arène a été synthétisé selon la procédure décrite en référence [48]. (3 g, 2.27 mM) de ce produit ont été séchés et traités avec du (COCl)$_2$ en présence de CCl$_4$ sous une atmosphère en azote pendant 12 heures à la température 75 °C. Après avoir enlever le solvant dans le rotavapeur, le résidu obtenu à été dissous dans le tétrahydrofurane puis traité avec un mélange de triéthylamine (46 mM) et de di-nbutylamine (46 mM) dans un bain contenant de la glace. Après refroidissement, le mélangé a été chauffé à 30°C et agité pendant 12 heures. Le ligand synthétisé a été séparé du solvant à travers un entonnoir de Wattman, puis séché sous vide. L'extrait sec a été dissous dans le dichlorométhane puis lavé 5 fois avec une solution 1M HCl. Le produit a été cristallisé dans le méthanol et séché sous vide à 80 °C.

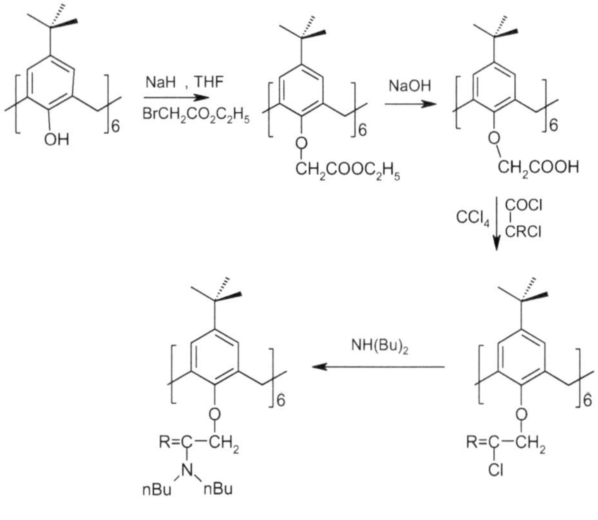

R = O (Ligand 5)
R = S (Ligand 6)

*Figure III-9 : Schéma de synthèse des ligands **5** et **6***

Le rendement de la réaction est estimé à 90%. La nomenclature du ligand **5** (figure III-10): 5,11,17,23,29,35-Hexaakis(*tert*-butyl)-37,38,39,40,41,42-hexakis[(*N,N*-di-*n*butylcarbamoylmethoxy)calix[6]arène, $C_{126}H_{198}N_6O_{12}$ (Masse molaire = 1988.9),

Analyse élémentaire : calculée : C 76.08, H 10.03, N 4.23; trouvée : C 75.74, H 9.72, N 4.06; Le point de fusion : 197-199 °C; DSC: 36 J/g. ^1H RMN: δ = 0.70 (br. s), 0.95 (q), 1.34 (m), 1.62 (br. s), (Σ23 H); 3.34 and 3.63 (m, 4 H), 3.9-5.1 (br. m, OCH_2 and CH_2 Ar, 4 H), 7.18 and 7.49 (2 s, HAr , 1H) ppm. ^{13}C RMN: δ = 13.8 (CH_3 de *n*Bu), 20.0 et 20.2 (*n*Bu), 29.7 (Ar-CH2-Ar), 31.1 (*t*Bu), 31.5 (*n*Bu), 34.0 (quart C de *t*Bu), 45.5 (N-CH_2), 71.6 (-O-CH_2), CAr: 124.7, 127.1, 133.2, 146.4, 151.9; 168.0 (CO) ppm. IR (KBr):1646 cm^{-1} (ν CO), pas de pic en

1755 cm^{-1} (COOH); Chromatographie sur couche mince (CCM) : (CHCl₃/EtOH 9:1) $R_f = 0.28$.

Figure III-10: Structure chimique du ligand 5

III. 2. 6. Synthèse du ligand 6 : (5,11,17,23,29,35-Hexakis(tert-butyl)-37,38,39,40,41,42-hexakis[(N,N-di-nbutyl thiocarbamoylmethoxy) calix[6]arène : $C_{126}H_{198}N_6O_6S_6$

Le ligand **5** (0.5 g, 0.25 mM) a été dissous dans le toluène puis traité avec 2,4-bis(4-methoxyphenyl)-1,3-dithia-2,4-diphosphetane-2,4-disulfide (2.5 mM) à 85 °C pendant 24 heures. Après refroidissement, le mélange a été filtré et séché sous vide pendant 4 heures. Le produit synthétisé a été traité à chaud avec l'acétone mélangé avec 3% d'eau, puis cristallisé deux fois avec l'hexane et lavé à chaud avec le méthanol/eau (1 :1). Le rendement de la réaction est estimé à 72%. La nomenclature du ligand **6** (figure III-11) est : 5,11,17,23,29,35-Hexakis (*tert*-butyl)-37,38,39,40,41,42-hexakis[(N,N-di-*n*butyl thiocarbamoylmethoxy) calix[6]arène, $C_{126}H_{198}N_6O_6S_6$ (Masse molaire = 2085.3). Analyse élémentaire : calculée : C 72.57, H 9.57, N 4.03, S 9.21; trouvée: C 71.99, H 9.27, N 3.87, S 8.82; Le point de fusion : 171-173 °C. Le spectre RMN en utilisant le solvant (CDCl₃) indique quelques changements durant la réaction de thionation semblables à ceux observés dans le cas du ligand **5**. ^{1}H RMN: δ = 0.80 (d), 0.96 (s), 1.40 (m), 1.80 (br), (Σ138 H), 2.88 (br. d) and 3.43 (d, Ar-CH₂), 3.9 (br. m, N-CH₂), 4.75-5.05 (br, O-CH₂ and Ar-CH2) (Σ48 H), H Ar: 6.4, 6.53, 7.28, 7.55

(Σ12 H) ppm. ^{13}C RMN: δ = 13.7 (CH$_3$ de nBu), 20.2 (nBu), 27.8 (Ar-CH$_2$-Ar), 31.6(tBu), 32.0 (nBu), 34.1 (quart C de tBu), *53.5* (N-CH$_2$), *79.2* (-OCH$_2$), 123.1 (CAr), 128.3 (CAr), 132.3 (CAr), 145.4 (CAr), 153.3 (CAr), *195.2* (CS). Le spectre infrarouge a été obtenu en utilisant des pastilles en KBr. Les pics caractérisant les groupements fonctionnels du ligand **6** sont : Disparition du pic (ν CO), nouveaux pics : 1505 cm^{-1} (νCS I), 990 (νCS IV), Chromatographie sur couche mince (CCM) : (CHCl$_3$/EtOH, 9:1) R_f = 0.95 (1 spot, pas de produit de dérivé), (CH$_2$Cl$_2$) R_f = 0.74 (1 spot, pas de réactif de thionation).

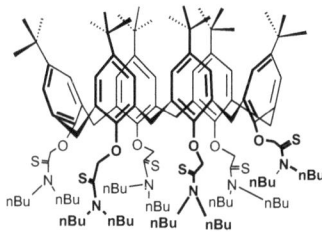

Figure III-11: Structure chimique du ligand 6

III. 3. Synthèse des dérivés de calix[4]arène

III. 3. 1. Synthèse de deux dérivés portant les groupements sulfamide et acétamide sur le bord inférieur du calix[4]arène

La synthèse des deux dérivés de calix[4]arène, le 25,26,27,28-Tetrakis[3-(N-(p-toluensulfonyl)amino)propyloxy]-p-tert-butylcalix[4]arène (**Ligand 7**) et le 25,26,27,28-Tetrakis [3-(N-(2,2-dichloroacetyl) amino) propyloxy] -p-tert-butylcalix[4]arène (**Ligand 8**) réalisée en 3 étapes est présentée ci-dessous (figure III-12) :

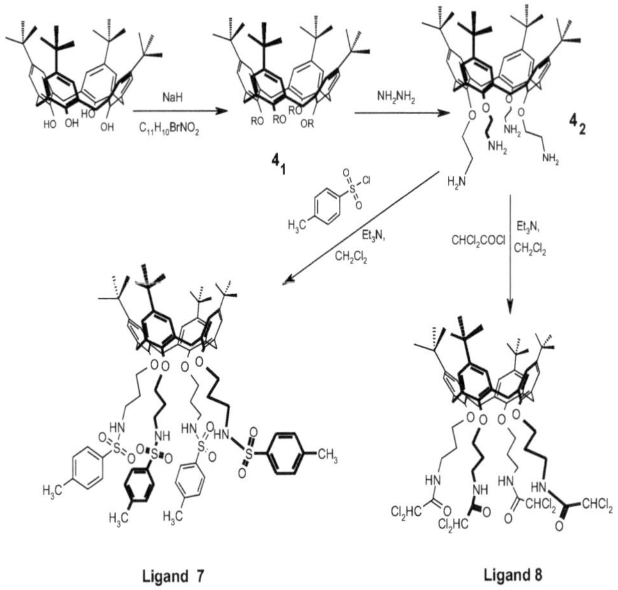

Figure III-12 : Schéma de synthèse des ligands 7 et 8

III. 3. 1. 1. Synthèse de calix[4]arène tétraéther (4₁):

Dans un ballon à trois cols et sous une atmosphère inerte d'azote, 2g (3.0819 mM) de p-tert-butylcalix[4]arène ont été mélangés avec 25 ml de DMF en présence 1.2422g (25.888 mM) de NaH. Le système est gardé à la température ambiante pendant 3 heures puis on a introduit 6,9407 g (25.888 mM) de N(3-bromopropylphtalamide). Le mélange final est laissé sous agitation durant 7 jours. L'évolution de la réaction est suivie par chromatographie sur couche mince (CH$_2$Cl$_2$/acétate d'éthyle : 15 /1). Le précipité obtenu a été dissous dans 200 ml de chloroforme. Après séparation des deux phases, la phase organique est cristallisée dans le chloroforme-méthanol (1:2) pour donner une poudre blanche (1,1857g, 27,52%).

Les principaux pics du spectre ^{1}H-RMN du ligand 4$_1$ sont :

1,05ppm : (36H ,s, t-Bu), 2,38ppm :(8H, quin, CH_2CH_2N), 3,10ppm : (4H ,d, $ArCH_2Ar$), 3,8548ppm :(8H, t, CH_2N), 3,969ppm : (8H, t, OCH_2), 4 ,36005ppm : (4H,d, $ArCH_2Ar$), 6,738ppm : (8H, s, Ar), 7,60223ppm :(8H, m, Ar-phth), 7,720ppm : (8H, m, Ar-phth).

III. 3. 1. 2. Synthèse de tétraamino calix[4]arène (4₂):

Dans un ballon à deux cols, nous avons mis 1,1857g (0,8483 mM) de calix[4]arène tétraéther dans 50 ml de méthanol puis on a ajouté 7,85 ml (161,94 mM) d'hydrazine. La réaction se déroule dans une chambre noire sous agitation et sous N_2 à une température de 82°C durant 24 heures, elle est arrêtée par 100ml d'eau. Le précipité formé est extrait avec (4x50ml) de dichlorométhane. L'évaporation de la phase organique sous vide permet l'obtention d'une poudre blanche (0,533g, 71,6%).

Les tests de C.C.M sont réalisés avec un diluant formé de (CH_2Cl_2/Acétate : 3 :1).

Les pics caractéristiques du spectre ^{1}H.RMN du produit obtenu effectué à 300MHz dans $CDCl_3$ sont :

1,09ppm :(36H, s, CH_3), 2,1657ppm : (8H , quin, CH_2CH_2N), 3,051ppm : (8H, t, CH_2NH_2), 3,134ppm :(4H, d, $ArCH_2Ar$), 3,893ppm : (8H, t, OCH_2), 4,32ppm : (4H, d, $ArCH_2Ar$), 4,55ppm : (8H, s, NH_2), 6,725ppm :(8H, s, Ar).

III. 3. 1. 3. Synthèse du Ligand 7: 25, 26, 27, 28-Tetrakis[3-(N-(p-toluènsulfonyl)amino) propyloxy]-p-tert-butylcalix[4]arène: $C_{84}H_{108}N_4O_{12}S_4$

Une quantité de 0,274g (0,312mM) de tétraaminocalix [4]arène (ligand 4₂) a été dissoute dans 30 ml de dichlorométhane. Après agitation pendant 30 min, 260 µl (1,872 mM) d'Et₃N et 0,250g (1,312mM) de TSCl (2,4 toluènesulfonylchloride) ont été ajoutés puis le mélange est gardé sous agitation pendant 27heures. La réaction est arrêtée par ajout de 100 ml Na_2CO_3 0.1M et de HCl à 1M. Après extraction avec le dichlorométhane, la phase organique est évaporée dans le rotavapeur pour obtenir une poudre blanche. Le rendement de la réaction R = 90.1%, la température de fusion de produit synthétisé est 137,4°C. Les tests de C.C.M sont réalisés avec un mélange de (CH_2Cl_2/ méthanol : 15:1).

Les pics caractéristiques du spectre ^1H RMN ($CDCl_3$) δ: 0.86, 1.07 (18H,s, $C(CH_3)_3$), 2.27 (8H, m, $OCH_2CH_2CH_2N$), 2.37 (6H, s, $PhCH_3$), 3.06-3.15 (12H, m, $ArCH_2Ar$, $OCH_2CH_2CH_2N$), 3.91 (8H, t, J = 7.5 Hz, OCH_2), 4.25 (4H, d, J = 12.6 Hz, $ArCH_2Ar$), 5.99 (4H, t, J = 7.2Hz, NH), 6.76 (8H, s, ArH), 7.26 (8H, d, J = 7.1 Hz, PhH), 7.81 (8H, d, J = 7.1 Hz, PhH).

Le spectre ^{13}C RMN($CDCl_3$) δ: 21.4 (q, $PhCH_3$), 30.6 (t, $ArCH_2Ar$), 31.3 (q, $C(CH_3)_3$), 32.0 (t, $OCH_2CH_2CH_2N$), 33.7 (s, $C(CH_3)_3$), 40.5 (t, $OCH_2CH_2CH_2N$), 72.3 (t, $OCH_2CH_2CH_2N$), 124.9, 127.0, 129.7 (d, Ar meta, Ph meta et ortho), 133.5 (s, Ar ortho), 136.9, 143.2 (s, Ph), 152.9 (s, Ar ipso).

L'analyse élémentaire calculée pour $C_{84}H_{108}N_4O_{12}S_4$ (1494.05): C, 67.53; H, 7.29; N, 3.75. Trouvée: C, 67.48; H, 7.35; N, 3.86.

La masse molaire a été confirmée par spectroscopie de masse MS (CI) *m/e* 1493 $(M+1)^+$.

Le spectre UV du ligand **7** est caractérisé par deux pics l'un est à 274.4 nm et le deuxième à 283.2 nm (figure III-13).

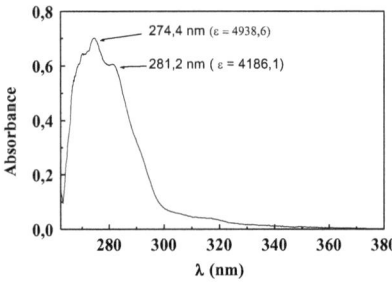

Figure III-13: Spectre UV du ligand 7 dans le dichloromethane

III. 3. 1. 4. *Synthèse du Ligand 8:* 25,26,27,28-Tetrakis[3-(N-(2,2-dichloroacetyl)amino)propyloxy]-*p-tert*-butylcalix[4]arène: $C_{64}H_{84}Cl_8N_4O_8$

Dans un ballon à deux cols, une quantité de 0,274 g (0,312 mM) de tétraaminocalix[4]arène (ligand 4_2) a été dissoute   dans le dichlorométhane en présence 126 µl (1,3117mM) de chlorure   de dichloroacétyle et 260 µl (1,872mM) d'Et$_3$N(Triéthylamine, pour avoir un milieu basique). Le système est placé dans un bain contenant de la glace pour maintenir la température à 0°C. La réaction s'est déroulée sous agitation pendant 24 heures. Pour arrêter la réaction, la solution a été neutralisée par 100 ml de HCl dilué M suivi par une extraction avec 30ml de CH$_2$Cl$_2$. Le produit obtenu est une poudre de couleur jaune clair. La température de fusion du ligand 8 est de 154,5°C.

Les tests de CCM sont réalisés avec le mélange (CH$_2$CL$_2$/méthanol : 15 :1).

Le rendement de la réaction a été estimé à 84%. Le spectre ^{1}H.RMN du produit synthétisé effectué à 300MHz dans CDCl$_3$:δ: 1.07, 1.26 (18H each, s, *t*-Bu), 2.29 (8H, m, OCH$_2$CH_2CH$_2$N), 3.14 (4H, d, J = 12.3 Hz, ArCH$_2$Ar), 3.48 (8H, m, OCH$_2$CH$_2$CH_2N), 3.88 (8H, t, OCH$_2$), 4.28 (4H, d, J = 12.3 Hz, ArCH$_2$Ar), 6.16 (4H, s, CHCl$_2$), 6.78 (8H, s, ArH), 7.78 (4H, s, NH);

Le spectre ^{13}C RMN (CDCl$_3$) δ: 30.9 (t, ArCH$_2$Ar), 31.3 (q, C(CH$_3$)$_3$), 33.8 (s, C(CH$_3$)$_3$), 32.7 (t, OCH$_2$CH$_2$CH$_2$N), 38.1 (t, OCH$_2$CH$_2$CH$_2$N), 66.6 (d, CHCl$_2$), 72.3 (t, OCH$_2$CH$_2$CH$_2$N), 125.4 (d, Ar meta), 133.4 (s, Ar ortho), 144.9 (s, Ar para), 152.8 (s, Ar ipso), 164.9 (s, CO).

L'analyse élémentaire calculée pour $C_{64}H_{84}Cl_8N_4O_8$ (1321.02): C, 58.19; H, 6.41; N, 4.24. Trouvée: C, 58.10; H, 6.49; N, 4.31.

La masse molaire a été confirmée par spectroscopie de masse : MS (CI) *m/e* 1317 (M+1)$^+$.

Le spectre UV *du ligand 8* est caractérisé par deux pics l'un est à 281.4 nm et le deuxième à   311.8 nm (figure III-14).

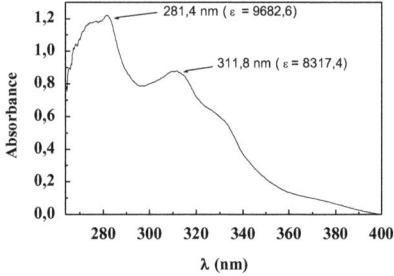

*Figure III-14: Spectre UV du ligand **8** dans le dichloromethane*

III. 3. 2. Synthèse de trois dérivés portant les groupements sulfamide et acétamide sur le bord supérieur du calix[4]arène

Les trois dérivés portant les groupements sulfamide et acétamide sur le bord supérieur du calix[4]arène sont :

- 5,17-Bis[(N-methansulfonyl)aminomethyl]-25,26,27,28-tetrapropoxycalix[4]arène (**Ligand 9**).
- 5,17-Bis[N-(2,2-dichloroacetyl)aminomethyl]-25,26,27,28-tetrapropoxycalix[4]arène (**Ligand 10**).
- 5,17-Bis[N-(p-toluensulfonyl)aminomethyl]-25,26,27,28-tetrapropoxycalix[4]arène (**Ligand 11**).

Le procédé de synthèse est très long, nous avons synthétisé 6 ligands intermédiaires nécessaires à l'élaboration de ces trois nouveaux ligands. Il s'agit des ligands 4_3, 4_4, 4_5, 4_6, 4_7 et 4_8. Le schéma de synthèse de ces ligands est donné ci-dessous (figure III-15).

III. 3. 2. 1. Synthèse de 25, 27-di-n-propoxy-26, 28-dihydroxycalix[4]arène : ligand (4_3)

Dans un ballon à trois cols, 4g de calix[4]arène synthétisé ont été dissous dans 120 ml de CH₃CN en présence 5,2g (0,0376 mM) de K₂CO₃ et 3,76 ml(0,0376 mM) de iode-1 propane. La réaction s'est déroulée à l'obscurité sous agitation et sous N_2 à température de 80-85°C durant 12 heures. Les tests de CCM (CH₂Cl₂/méthanol) montrent que la réaction est achevée après 12 heures, elle est arrêtée de la même manière que la réaction de synthèse du calix[4]arène. Les principaux pics du spectre ^{1}H-RMN du ligand (**4₃**) sont:

1,31693ppm (6H, t, CH₃), 2,03597(4H, m, CH₂), 3,43778(4H, d, ArCH₂Ar), 3,4320ppm (4H, d, ArCH₂Ar), 4.03849(4H, t, OCH₂), 4,38782(4H, d, ArCH₂Ar), 6,95368(12H, m, Ar), 8,32237 (2H, s, OH).

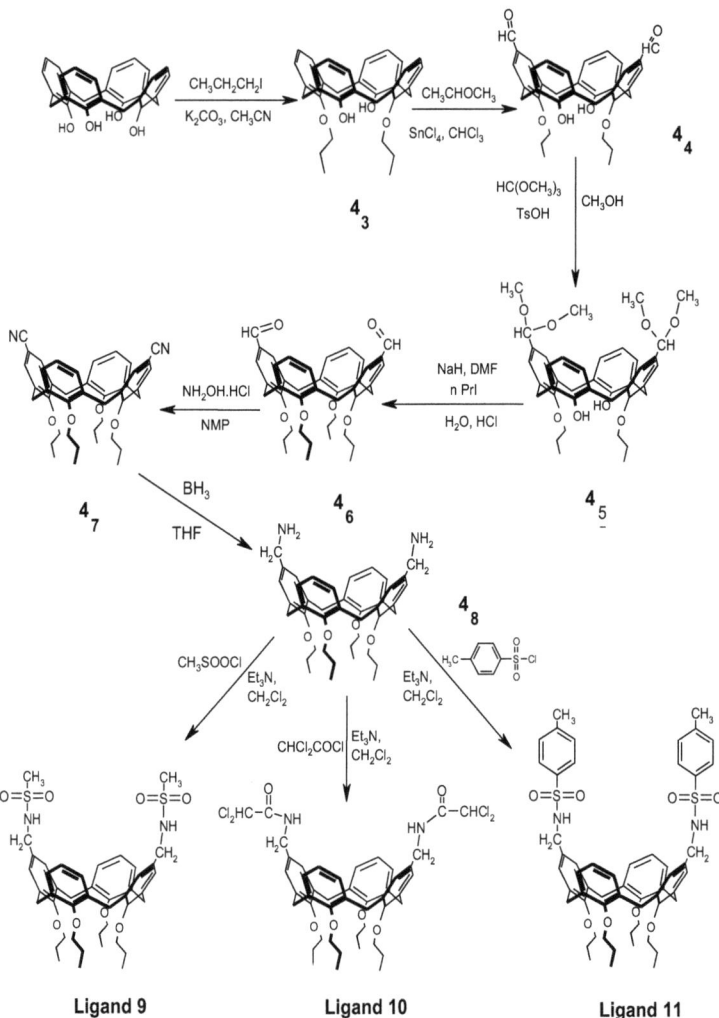

Figure III-15 : Schéma de synthèse des ligands 9, 10 et 11

III. 3. 2. 2. Synthèse de 25, 27-di-n-propoxy-26, 28-dihydroxycalix[4]arène, 5.17-dicarboxyaldéhyde : ligand (4₄)

Dans un ballon de 250 ml à trois cols, nous avons dissous 2,676g (5,25 mM) du ligand (4₃) dans 150 ml de chloroforme sous agitation magnétique à une température de 5-10°C puis 1,42 ml (15,76 mM) de (α,α dichlorométhyl-méthyl) éther et 6,16 ml (52,5 mM) de SnCl₄ ont été ajoutés. Après 30 minutes d'agitation, la solution prend une couleur rose vif. A ce moment, la température de la solution a été réglée à 25 °C pendant 2 heures.

Les tests de CCM (héxane/acétate d'éthyle : 7:3) montrent que la réaction est terminée, elle est arrêtée de la même manière que celle de calix[4]arène. Une quantité de 2,523g du ligand (4₄) a été obtenue et le rendement de la réaction a été estimé à 85%. Les principaux pics du spectre ^{1}H-RMN effectué à 300MHz dans CDCl₃ du produit obtenu sont :

1,2468ppm (6H, m, CH₃), 2,0115ppm (4H, m, CH₂), 3,4765ppm (4H, d, ArCH₂Ar), 4,0061ppm (4H, t, OCH₂), 4,3641ppm (4H, d, ArCH₂Ar), 6,9370ppm (6H, m, Ar), 7,6263ppm (4H, s, Ar), 9,27090ppm (2H, s, OH), 9,77814ppm (2H, s, COH).

III. 3. 2. 3. Synthèse de diformyldiméthyldiacétatecalix[4]arène : Ligand (4₅)

Dans un ballon à trois cols, nous avons dissous 2,523g (4,467 mM) du ligand (4₄) dans 120ml de méthanol, puis on a ajouté 15,9 ml (0,1452.10-3 mM) de triméthoxyméthane et 3 ml d'acide para- toluènesulfonique (TSOH). La réaction s'est déroulée sous agitation et sous atmosphère inerte d'azote à une température de 75°C pendant une nuit (12 heures). Elle a été arrêtée par l'ajout de 100ml d'une solution saturée de NaHCO₃ et CH₂Cl₂. La couleur de la solution est passée du bleu - violet au marron clair. La phase organique a été évaporée dans le rotavapeur, il en résulte une poudre de couleur marron claire au fond du ballon. Le rendement de la réaction a été estimé à 94,3%).

Les tests de CCM (Hexane/acétate d'éthyle : 3:2) montrent que les réactifs de départ ont réagi et la réaction atteint l'équilibre après 12 heures de synthèse.

Les pics du spectre ^{1}H-RMN effectué à 300 MHz dans CDCl$_3$ du ligand (4_5) sont :

1,36116ppm (6H, t, CH$_3$), 1,95697ppm (4H, t, CH$_2$), 3,24667ppm (12H, s, OCH$_3$), 3,54320ppm (4H, d, ArCH$_2$Ar), 3,66466ppm (4H, t, OCH$_2$), 4,24124ppm (4H, d, ArCH$_2$Ar), 5,19415ppm (2H, s, CH), 7,16235ppm   (10H, s, Ar), 8,83424ppm (2H, s, OH).

III. 3. 2. 4. Synthèse de tétra-propyldiformylcalix[4]arène : Ligand (4_6)

Toute la quantité du ligand (4_7) synthétisé a été mélangée avec 140 ml de DMF sous atmosphère inerte d'azote. Après agitation magnétique pendant 30 minutes, 0,808g (16,84 mM) de NaH (50%) et 1,64 ml (16,84 mM) de propyle d'iodate (nPrI) ont été ajoutés. La réaction s'est déroulée ensuite sous agitation magnétique et dans une atmosphère en azote pendant 24 heures. L'évolution de la réaction a été suivie par CCM(Hexane/ acétate d'éthyle : 7 :3). Pour arrêter la réaction, nous avons ajouté au milieu réactionnel 100 ml de HCl 1N, et 150 ml d'une solution saturée de thiosulfate de sodium. Le ligand formé a été extrait par le dichlorméthane puis lavé 2 fois avec 100 ml d'eau distillée. Après séparation et séchage de la phase organique sur le sulfate de magnésium, cette dernière a été évaporée sous vide pour donner une poudre jaune très claire. Une quantité de 2.74489g a été obtenue avec un rendement de 63.87%. Le spectre ^{1}H-RMN effectué à 300 MHz dans CDCl$_3$ du ligand (4_6) est :

1,0070ppm (12H, s, CH$_3$), 1,922ppm (8H, quin, OCH$_2$CH$_2$CH$_3$), 3,211ppm (4H, d, ArCH$_2$Ar), 3,880ppm (8H, m, OCH$_2$CH$_2$CH$_3$), 4,4514ppm (4H, d, ArCH$_2$Ar), 6,7368ppm (6H, s, Ar), 7,00018ppm (4H, s, Ar), 9.46847 ppm (2H, s, COH).

III. 3. 2. 5. Synthèse de tétrapropyl(dicyano) calix[4]arène : Ligand (4_7)

Dans un ballon rond, nous avons mis 0,7g de (1,078 mM) de tétrapropyle diformylcalix[4]arène (ligand 4_6) et 30 ml de NMP (1-méthyl-2-pyrrolidinone) sous une atmosphère inerte d'azote, la température de la solution a été fixée à 110°C. Après agitation pendant 1 heure, 0,2249g (3,236 mM) de NH_2OH-HCl a été ajouté. Le mélange formé a été laissé dans l'obscurité sous agitation magnétique et sous N_2 pendant 12 heures. L'évolution du milieu réactionnel a été suivie par C.C.M (Hexane/acétate d'éthyle : 7 :1). La réaction de synthèse a été arrêtée par ajout de 100 ml de HCl 1N puis accompagnée par une extraction à l'aide dichlorométhane et séchage sur $MgSO_4$. Après évaporation de la phase organique dans le rotavapeur, le produit synthétisé a été cristallisé dans le méthanol en le plaçant dans le frigidaire pendant 2 heures. Une quantité de 0,3833g (blanc - rose clair) du ligand (4_7) a été obtenue avec un rendement de 55,31%

Le spectre ^{1}H-RMN effectué à 300 MHz dans $CDCl_3$ du produit obtenu est :

1,00158ppm (12H, m, CH_3), 1,8836ppm (8H, quin , $OCH_2CH_2CH_3$), 3,19610ppm (4H, d, $ArCH_2Ar$), 3,8499ppm (8H, m, $OCH_2CH_2CH_3$), 4,4568ppm (4H, d, $ArCH_2Ar$), 6,74020ppm (6H, s, Ar), 6,83690ppm (4H, s, Ar).

III. 3. 2. 6. Synthèse de tétrapropyl(dicyanonitryl) calix[4]arène : Ligand (4_8)

Dans un ballon rond à deux cols sous une atmosphère d'azote, nous avons dissous 0,270g (0,42 mM) de tétrapropyle -dicyanocalix[4]arène (ligand 4_7) dans THF puis nous avons introduit 8,4 ml (8,4 mM) de BH_3 1M au mélangé précédent. Le milieu réactionnel a été gardé sous agitation et sous azote pendant 12 heures à la température de 70° C. L'évolution de la réaction de synthèse a été suivie par C.C.M (Hexane/acétate d'éthyle : 7:3). Après refroidissement, la solution a été hydrolysée avec 100 ml de HCl 1M dans la chambre noire pour contrôler l'évolution de l'hydrogène suivie par une extraction avec le dichlorométhane et évaporation du solvant sous vide. La phase aqueuse a été traitée par NaOH 0.1 M jusqu'à l'obtention d'un pH basique ensuite, nous avons ajouté 100 ml de CH_2Cl_2 puis les deux phases ont été séparées. La phase organique a été évaporée sous vide pour donner une poudre jaune claire au fond du ballon. Une quantité de 0,267g a été obtenue avec un rendement de 97%. Les principaux pics du spectre ^{1}H-RMN effectué à 300 MHz dans CDCl$_3$ du produit synthétisé sont :

1,00761ppm (12H, m, CH$_3$), 1,92057ppm (8H, quin, OCH$_2$CH$_2$CH$_3$), 3,15520ppm (4H, d, ArCH$_2$Ar), 3,521ppm (4H, s, NH$_2$), 3,8318ppm (8H, m, OCH$_2$CH$_2$CH$_3$), 4,42091ppm (4H, d, ArCH$_2$Ar), 6,58201ppm (10H, s, Ar).

III. 3. 2. 7. *Synthèse du Ligand 9 : 5,17-Bis[(N-méthansulfonyl) aminométhyl]-25,26,27,28-tétrapropoxycalix[4]arène :C$_{44}$H$_{58}$N$_2$O$_8$S$_2$*

Dans un ballon rond, nous avons dissous le ligand (**4$_8$**) (0.183g, 0.280 mmol), triéthylamine Et$_3$N (156 μl, 1.12 mM) et le chlorure de méthylsulfonyle (45,87 μl, 0,5930 mM) dans 30 ml de dichlorométhane. Le mélange obtenu a été agité à la température ambiante pendant 2 heures. Au cours de la synthèse, des très petites quantités ont été prélevées à l'aide de la pipette de Pasteur pour faire la chromatographie sur couche mince afin de suivre l'évolution de la réaction de synthèse. Le diluant utilisé est un mélange de (Hexane/Acétate d'éthyle : 7:3). La réaction a été arrêtée par ajout de 50 ml Na$_2$CO$_3$. La phase organique formée a été lavée par 100 ml d'eau distillée puis par HCl 1M (2x100 ml) et enfin séchée sur MgSO$_4$. L'évaporation du solvant dans le rotavapeur suivie par un séchage sous vide permet d'obtenir une poudre blanche. La température de fusion du ligand synthétisé est de 186,2°C. Le rendement de la réaction est égal à 91%.

Le ligand **9** utilisé dans le procédé d'extraction comme un nouveau extractant a été caractérisé par des analyses physico-chimiques détaillées telles que : la ^{1}HRMN, ^{13}CRMN, l'analyse élémentaire et par spectroscopie de masse. Le spectre 1HRMN effectué à 300 MHz du produit synthétisé dans un mélange (DMSO-d$_6$/CDCl$_3$ = 3/1)) δ: 0.94 (6H, t, J = 6.6 Hz, CH$_3$), 1.04 (6H, t, J = 7.2 Hz, CH$_3$), 1.89 (8H, m, OCH$_2$C*H*$_2$CH$_3$), 2.61 (6H, s, SCH$_3$), 3.14 (4H, d, J = 13.2

Hz, ArCH$_2$Ar), 3.74 (4H, t, 6.6 Hz, OCH$_2$), 3.88 (4H, t, 7.2 Hz, OCH$_2$), 3.96 (4H, s, ArCH$_2$NH), 6.38-6.44 (6H, m, ArHCH$_2$N), 6.86 (4H, s, ArH).

Le spectre ^{13}C RMN (DMSO-d$_6$/CDCl$_3$ = 3/1) δ: 9.9, 10.3 (q, CH$_2$CH$_3$), 22.7, 22.9 (t, CH$_2$CH$_3$), 30.4 (t, ArCH$_2$Ar), 40.3 (q, SCH$_3$), 46.0 (t, ArCH$_2$N), 76.3, 76.6 (t, OCH$_2$), 121.7 (d, Ar para), 127.7, 127.9 (d, Ar meta), 133.6, 135.4 (s, Ar ortho), 155.4, 155.9 (s, Ar ipso).

L'analyse élémentaire calculée pour C$_{44}$H$_{58}$N$_2$O$_8$S$_2$ (807.07): C, 65.48; H, 7.24; N, 3.47. La composition chimique du ligand obtenue : C, 65.41; H, 7.29; N, 3.53.

La masse molaire trouvée a été confirmée par spectroscopie de masse: MS (CI) *m/e* 807 (M+1)$^+$.

Le spectre UV *du* ligand **9** est caractérisé par deux pics l'un est à 274.8 nm et le deuxième à 281.8nm (figure III-16).

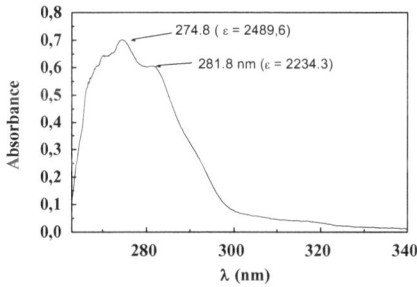

*Figure III-16: Spectre UV du ligand **9** dans le dichloromethane*

III. 3. 2. 8. <u>Synthèse du Ligand 10</u> : 5,17-Bis[N-(2,2-dichloroacétyl) aminométhyl]-25,26,27,28-tétrapropoxycalix[4]arène : $C_{46}H_{54}Cl_4N_2O_6$

Le ligand **10** a été synthétisé dans les mêmes conditions expérimentales que celles du ligand **9**, seulement nous avons remplacé la quantité de chlorure de méthylsulfonyle ajoutée par le chlorure de dichloracétyle. Le mélange obtenu a été agité à la température ambiante pendant 2 heures. La réaction a été arrêtée par ajout de 50 ml Na_2CO_3. La phase organique formée a été lavée par 100 ml d'eau distillée puis par HCl 1M (2x100 ml) et enfin séchée sur $MgSO_4$. L'évaporation du solvant dans le rotavapeur suivi par un vide poussé permet d'obtenir une poudre blanche. Le rendement de la réaction est égal à 86%. La température de fusion $T_f = 197°$ C.

Le spectre ^{1}H RMN ($CDCl_3$) δ: 0.97 et 1.08 (6H each, t, J = 7.5 Hz, CH_3), 1.86-2.03 (8H, m, $OCH_2CH_2CH_3$), 3.15 (4H, d, J = 13.2 Hz, $ArCH_2Ar$), 3.77 (4H, t, J = 7.2 Hz, $OCH_2CH_2CH_3$), 3.91 (4H, t, J = 7.2 Hz, $OCH_2CH_2CH_3$), 4.10 (4H, d, J = 6.0 Hz, $ArCH_2N$), 4.45 (4H, d, J = 13.2 Hz, $ArCH_2Ar$), 5.99 (2H, s, $CHCl_2$), 6.38 (4H, s, Ar), 6.69 (2H, t, J = 7.1 Hz, ArH para), 6.80 (4H, d, J = 7.1 Hz, ArH méta), 7.07 (2H, t, 6.0 Hz, NH).

Le spectre ^{13}C RMN ($CDCl_3$) δ: 10.0, 10.5 (q, CH_2CH_3), 23.0, 23.3 (t, CH_2CH_3), 30.9 (t, $ArCH_2Ar$), 43.1 (t, $ArCH_2N$), 66.5 (d, $CHCl_2$), 76.5, 77.0 (t, OCH_2), 122.1 (d, Ar para), 126.1, 128.4 (d, Ar meta), 134.7, 135.4 (s, Ar ortho), 155.6, 156.7 (s, Ar ipso), 164.2 (s, CO).

L'analyse élémentaire calculée pour $C_{46}H_{54}Cl_4N_2O_6$ (872.76): C, 63.31; H, 6.24; N, 3.21, trouvée: C, 63.24; H, 6.30; N, 3.32.

La masse molaire trouvée a été confirmée par spectroscopie de masse: MS (CI) *m/e* 871 (M+1)[+]. Le spectre UV du ligand **10** est caractérisé par une bosse à 274.8 nm (figure III-17).

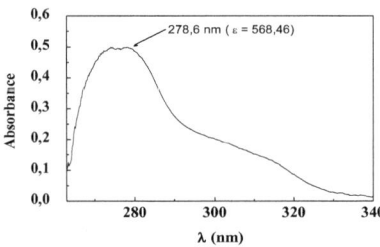

*Figure III-17: Spectre UV du ligand **9** dans le dichlorométhane*

III. 3. 2. 9. Synthèse du Ligand 11 : 5,17-Bis[N-(p-toluensulfonyl) aminométhyl]-25,26,27,28-tétrapropoxycalix[4]arène : $C_{56}H_{66}N_2O_8S_2$

Le ligand **11** a été synthétisé dans les mêmes conditions expérimentales que celles du ligand **9**, seulement nous avons remplacé la quantité de chlorure de méthylsulfonyle ajoutée par le chlorure de para-toluènesulfonyle. Le mélange obtenu a été agité à la température ambiante pendant 2 heures. La réaction a été arrêtée par ajout de 50 ml Na_2CO_3. La phase organique formée a été lavée par 100 ml d'eau distillée puis par HCl 1M (2x100 ml) et enfin séchée sur $MgSO_4$. L'évaporation du solvant dans le rotavapeur suivi par un vide poussé permet d'obtenir une poudre blanche. Le rendement de la réaction a été estimé à 91%. La température de fusion $T_f = 204.1°$ C.

Le spectre ^1H NMR ($CDCl_3$), δ: 0.97, 0.99 (6H , t, J =7.2 Hz, $OCH_2CH_2CH_3$), 1.88-1.91 (8H, m, $OCH_2CH_2CH_3$), 2.44 (6H, s, $PhCH_3$), 3.04 (4H, d, J = 13.5 Hz, $ArCH_2Ar$), 3.78-3.82 (12H, m, OCH_2, $ArCH_2N$), 4.37 (4H, d, J = 13.5 Hz, $ArCH_2Ar$), 4.63 (2H, t, J = 5.7 Hz, NH), 6.48 (10H, m, ArH), 7.31 (4H, d, J = 7.5 Hz, PhH), 7.75 (4H, d, J = 7.5 Hz, PhH).

Le spectre ^{13}C RMN ($CDCl_3$) δ: 10.1, 10.2 (q, $OCH_2CH_2CH_3$), 21.4 (q, $PhCH_3$), 23.1 (t, $OCH_2CH_2CH_3$), 30.8 (t, $ArCH_2Ar$), 46.7 (t, $ArCH_2N$), 76.6, 76.7 (t, OCH_2), 122.1 (d, Ar para), 127.2, 127.6, 128.0, 129.6 (d, Ar meta, Ph meta et ortho), 134.4, 135.5 (s, Ar ortho), 137.0, 143.2 (s, Ph), 156.1, 156.4 (s, Ar ipso).

L'analyse élémentaire calculée pour $C_{56}H_{66}N_2O_8S_2$ (959.27): C, 70.12; H, 6.94; N, 2.92, trouvée: C, 70.05; H, 7.01; N, 3.02.

La masse molaire trouvée a été confirmée par spectroscopie de masse :MS (CI) m/e 959 (M+1)$^+$.

Le spectre UV *du ligand 11* est caractérisé par deux pics l'un est très intense à 233 nm et le deuxième à 274nm (figure III-18).

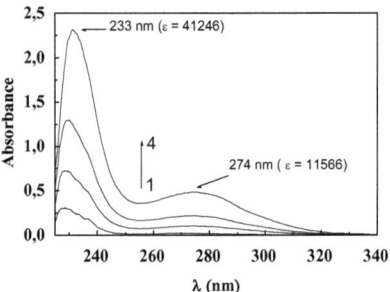

*Figure III-18: Spectre UV du ligand **11** dans le dichlorométhane* à différentes concentrations : *(1) 8x 10⁻⁶, (2)- 10⁻⁵, (3)- 2x10⁻⁵, (4)- 10⁻⁴.mol/l.*

III. 3. 3. Synthèse de calix[4]arène portant le groupement fonctionnel acétamide

III. 3. 3. 1. Synthèse du Ligand 12 : diethylacétamide p-tert-butylcalix[4] arène : $C_{68}H_{100}N_4O_8$

La structure de calix[4]arène a été fonctionnalisée pour donner des dérivés de calixarène portant des groupements fonctionnels. Une telle réaction peut engendrer quatre conformations différentes (cône. cône partiel, 1,2 alternée et 1,3 alternée). Bien que toutes les quatre conformations ont été synthétisées et isolées pour quelque types de calixarènes, une méthode générale de synthèse applicable à toute les conformations n'a pas été trouvée pour le moment.

Nous nous sommes intéressés à la synthèse des calix[4]arènes portants des groupements acétamides afin de complexer sélectivement l'or et l'argent. Nous rapportons ici la synthèse de 5,11,17,23-Tetra-tert-butyl-25,26,27,28-tetrakis(diethylcarbamoylmethoxy)calix[4]arène en conformation cône .

Le p-tert-Butylcalix[4]arène (3.0 g, 4.6 mM) et le Cs_2CO_3 (4.8 g, 25 mM) ont été dissous dans 100 ml d'acétone puis agités pendant 2 heures. A la solution obtenue, nous avons ajouté le 2-Chloro-N,Ndiethylacetamide (5.7 g, 25 mmol) et CsI (6.5 g, 25 mmol), le mélange formé a été agité et chauffé au reflux pendant 3 jours. Après refroidissement, le solvant a été enlevé sous pression réduite et le produit solide obtenu au fond du ballon a été dissous dans 100 ml de dichlorométhane. La phase organique formée a été lavée avec 100 ml de HCl 1M et deux fois avec 100 ml d'eau distillée. Dans le rotavapeur, le dichlorométhane a été enlevé pour donner un liquide visqueux de couleur jaune clair. Ce dernier a été cristallisé à chaud dans 100 ml de CH$_3$CN. Le rendement de la réaction (1.3 g, 25%). Le point de fusion 173-175°C, Le spectre ^{1}H RMN (300 MHz, CDCl$_3$, 25 °C):δ 0.98, 1.07-1.14 (m , 6 H, 18 H, CH$_2$CH$_3$), 1.01, 1.29, 1.33 [s , 18 H, 9 H, 9 H, C(CH$_3$)$_3$], 3.11, 3.84, 3.98, 4.86 (d , 2 H , CH$_2$ du pond), 3.14-3.26, 3.35-3.39 (m, 8 H de chaque, CH$_2$CH$_3$), 4.43, 4.45, 4.58, 4.72 (s, d, d, s, 2 H , OCH$_2$CO), 6.54, 7.02, 7.03, 7.42 (br s, br s, s, s, 2 H, aryl H). L'analyse élémentaire (%) : trouvée: C, 73.5; H, 8.85; N, 6.15, calculée pour C$_{68}$H$_{100}$N$_4$O$_8$·CH$_3$CN, C : 73.6; H : 9.1; N : 6.15.

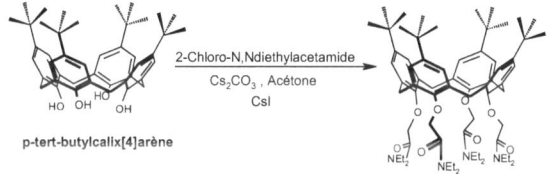

p-tert-butylcalix[4]arène → p-tert-butylcalix[4]arènediethylacetamide

(Ligand 12)

Figure III-19: Schéma de synthèse de p-tert-butylcalix[4]arènediethylacetamide

III. 3. 4. Synthèse des dérivés azocalix[4]arène

III. 3. 4. 1. Synthèse du Ligand 13: p-(4-n-butylphenylazo)calix[4]arène : C$_{69}$H$_{76}$N$_8$O$_5$

Le chlorure 4-n-butylphenyldiazonium a été préparé à partir d'un mélange de 4-n-butylaniline (1.49 g, 10 mM), de nitrite de sodium (0.69 g, 10 mM), HCl concentré (7 ml) et de l'eau distillée (25 ml). A ce mélange nous avons ajouté une solution de 25 ml de (méthanol/DMF, 5 :8, v/v) dans laquelle ont été dissous le calixa[4]arène (1 g, 2.36 mM) et de l'acétate de sodium trihydratée (4 g, 30 mM). Après avoir agité pendant 2 heures à la température ambiante, une suspension de couleur rouge a été obtenue. Cette dernière a été acidifiée avec 150 ml de HCl 1M et chauffée à 60 °C pendant 30 minutes. Un précipité solide de couleur rougeâtre a été obtenu après filtration et lavage à l'eau distillée. Le composé synthétisé a été dissous à chaud dans une solution contenant NaHCO₃ (4.2 g) et 1 g de charbon active. Après refroidissement, le charbon actif a été enlevé par filtration, tandis que la solution a été acidifiée à l'aide de 2 ml de HCl 0.1 M puis lavée à l'eau distillée. En fin la phase organique obtenue après séparation, a été évaporée sous vide pour donner un solide de couleur jaune sombre, il s'agit de dérivé azocalix[4]arène. Le rendement de la réaction de la synthèse est de 85%. Le point de fusion : 248-250 °C. L'analyse élémentaire trouvée (%), C : 75.22 ; H : 7.07; N : 10.03. La formule chimique du composé : $C_{69}H_{76}N_8O_5$; Calculée : C 75.5 ; H 6.98; N 10.22; λ_{max} (ϵ) : 338 (8970). ν_{max} : 3200, 3170, 2950, 1600, 1470 cm⁻. ¹H RMN (CDCl₃, 25°C): δ: 0.90 (12H, t, J=13.6 Hz, -CH₃), 1.33 (8H, m, -CH₂-), 1.55 (8H, m, -CH₂-), 2.65 (8H, t, J=13.6 Hz, -CH₂-), 3.80-4.40 (8H, d, J=13.3 Hz, Ar-CH₂-Ar), 7.20-7.70 (24H, s, Ar-H), 10.25 (4H, s, -OH). ¹³C RMN (CDCl₃, 25°C): δ: 139.7, 135.2, 134.7, 132.3. 130.4, 128.7, 122.9, 120.1, 30.7, 20.2, 19.9, 18.1, 17.4. Ce composé est soluble dans : EtOH, diéthyle éther, acétone, acide acétique, benzène, CHCl₃ et le DMSO mais insoluble dans l'eau. Le schéma de synthèse des dérivés azocalixarènes est donné par la figure III-20.

III. 3. 4. 2. *Synthèse du Ligand 14 : p-(4-phenylazoaniline)calix[4]arène :* $C_{77}H_{60}N_{16}O_5$

Ce Composé a été préparé de la même manière décrite ci-dessus en (III.3.3.1), seulement en remplaçant le 4-n-butylaniline par le 4-(phenylazo)aniline. Le produit final synthétisé est de couleur marron sombre. Le rendement de la réaction de synthèse est égal à 81 % ; le point de fusion : 144-146°C; L'analyse élémentaire (%), calculée pour $C_{77}H_{60}N_{16}O_5$, trouvée :C : 71.42; H : 4.78; N : 17.12. $\lambda_{max}(\varepsilon)$: 374 (4830). ν_{max}: 3225, 3100,1610,1480 cm⁻¹. Raies caractéristiques du spectre ^{1}H RMN (CDCl₃, 25°C): δ_H: 3.90-4.70 (8H, d, J=13.3 Hz, Ar-CH₂-Ar), 6.80-7.70 (44H, s, Ar-H), 9.90 (4H, s, -OH). ^{13}C RMN (CDCl₃, 25°C): δ_c: 145.1, 144.2, 139.5, 135.5, 135.1, 132.3, 123.4, 120.9, 32.4. Ce composé est soluble dans : le diéthyle éther, acétone, acide acétique, benzène, CHCl₃ et le DMSO mais insoluble dans l'eau.

III. 3. 4. 3. *Synthèse du Ligand 15 : p-(4-acetanilinazo) calix[4]arène: $C_{61}H_{56}N_{12}O_9$*

Ce Composé a été préparé de la même manière décrite ci-dessus en (III.3.3.1), seulement en remplaçant le 4-n-butylaniline par le 4-aminoacétaniline. Le produit final synthétisé est de couleur marron clair. Le rendement de la réaction de synthèse a été estimé à 55%. Le point de fusion : 172-174 °C; L'analyse élémentaire (%), calculée pour $C_{61}H_{56}N_{12}O_9$, C : 66.88; H : 5.47; N : 15.10, trouvée C : 66.52; H : 5.13; N : 15.27. $\lambda_{max}(\varepsilon)$: 274 (2120), 360 (1580). ν_{max}: 3200, 3100, 1710, 1610, 1480 cm⁻¹. ^{1}H RMN (CDCl₃, 25°C): δ_H: 2.16 (12H, t, J=13.5Hz, -CH₃), 3.60-4.30 (8H, d, J=13.3 Hz, Ar-CH₂-Ar), 6.72-7.25 (24H, s, Ar-H), 7.66 (4H, s, NH), 10.19 (4H. s. -OH). ^{13}C RMN (CDCl₃, 25°C): δ_c: 167.9, 144.5, 134.7, 133.7, 133.2, 131.7, 124.9, 121.2, 32.2, 21.3.

III. 3. 4. 4. *Synthèse du Ligand16 : p-(n-2-thiazol-2-sulphanylazo) calix[4]arène : $C_{66}H_{56}N_{16}S_8O_{14}$*

Ce Composé a été préparé de la même manière décrite ci-dessus en (III.3.3.1), seulement en remplaçant le 4-n-butylaniline par le 4-N'-2-thiazol-2-ylsulfanylamide. Le produit final synthétisé est de couleur orange clair. Le rendement de la réaction de synthèse a été estimé à 72%%. Le point de fusion : 162-164 °C; L'analyse élémentaire (%), calculée pour $C_{66}H_{56}N_{16}S_8O_{14}$: C :51.02; H :3.64; N :14.43; S 16.48; trouvée C :50.84; H :3.82; N :14.38; S :16.35 ; $\lambda_{max}(\varepsilon)$: 274 (220), 349 (1570) . ν_{max}: 3170, 3100, 1590. 1550, 1320 cm⁻ ; ¹H RMN (CDCl₃, 25°C): δ_H : 1.251.54 (8H, 2d, J=13.4 Hz, =CH). 3.50-4.35 (8H, d, J=13.3 Hz, Ar-CH₂-Ar). 6.72-7.26 (24H, s, Ar-H), 7.70 (4H, s, NH), 10.18 (4H, s, -OH). ¹³C RMN (CDCl₃, 25°C): δ_c: 152.7, 146.1, 143.2, 137.1. 135.7, 133.3, 131.4, 130.2.

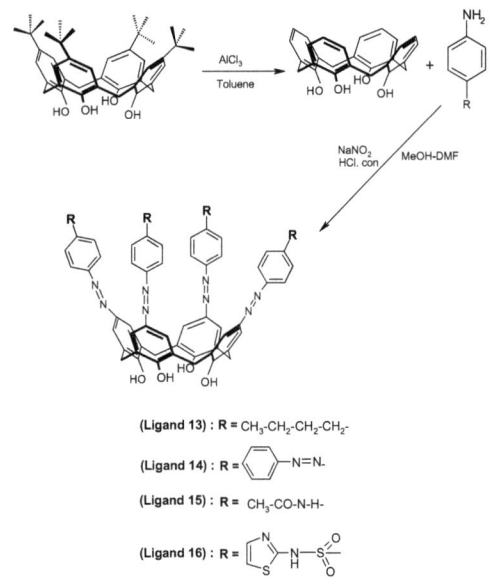

Figure III-20 : Schéma de synthèse des dérivés azocalix[4]arène

III. 3. 5. synthèse des calix[4]arènes portant des couronnes

La synthèse des calixarènes portant des couronnes est très compliquée et nécessite beaucoup de temps. L'acide 3,5-dihydroxybenzoique et le 2-(2-chloroethoxy)éthanol (Aldrich) ont été utilisés sans purification. Le calix[4]arène a été préparé selon le procédé de synthèse décrit dans la référence [1,2]. Le schéma de synthèse de bis-couronne-6 calix[4]arène est illustré par la figure III-21.

La synthèse du ligand **17** nécessite la préparation des produits intermédiaires, elle est effectuée en trois étapes :

III. 3. 5. 1. Synthèse du composé (1): (3,5-dihydroxybenzoite d'éthyle) :

L'acide 3,5-Dihydroxybenzoique (60.60 g; 393.2 mM) et 36 % HCl (1OmL; 0.1M) ont été chauffés à 30° C dans l'éthanol (1500 ml) pendant 15 jours sous une atmosphère en azote. Après évaporation du solvant, un précipité a été formé avec l'hexane en donnant un précipité de couleur grise avec un rendement quantitatif, c'est le dérivé de l'ethylester **(1)**. Le point de fusion : 111-112 °C. ^{1}H-RMN (200 MHz; CDCl$_3$) δ 1.38 (t, 3H, J = 7.0 Hz, -CH$_2$CH$_3$), 4.30 (q, 2H, J = 7.0 Hz, -CH$_2$CH$_3$), 6.56 (t, 1H. J = 2.2 Hz. -ArH sur C-4); 7.10 (d, 2H, J = 2.2 Hz, - ArH sur C-2,6). (C$_9$H$_{10}$O$_4$), Analyse élémentaire (%): trouvée : C, 59.2; H, 5.3; calculée : C, 59.34; H, 5.53 %.

III. 3. 5. 2. La synthèse du composé (2): (Diol)

Le dérivé ester d'éthyl **(1)** (36.40 g; 200 mM) et le carbonate de potassium (82.90 g; 600 mM) ont été mélangé et agité à la température ambiante avec de l'acétonitrile (1500 ml) pendant 3 heures. Le mélange obtenu a été chauffé à 30°C en ajoutant goutte à goutte une solution de 2-(2-chloroethoxy)éthanol (57.32 g; 460 mM). Après 3 jours, une quantité de carbonate de potassium (41.52 g) et 2-(2-chloroethoxy)ethanol (29.05 g) a été ajoutée puis la solution est placée sous agitation pendant 4 jours. Après filtration, le résidu formé a été neutralisé avec une solution 1M HCl et la phase aqueuse a été extraite avec le dichlorométhane. La phase organique a été traitée avec de sulfate de sodium puis filtrée à travers l'entonnoir de Whatmann, ensuite évaporée dans le rotavapeur. Afin de purifier le produit synthétisé, une colonne en gel de silica a été utilisée (Dichlorométhane/acetone : 70 :30) pour donner un composé pur **(2) (diol)**, (26g). Le rendement de la réaction est estimé 52%), ^{1}H-RMN (200 MHz; CDCl$_3$) δ 1.37 (t, 3H, J = 7.0 Hz. CH$_2$CH$_3$). 1.96 (bs. 2H, -OH); 3.66 (t, 4H, J = 3.6 Hz, - CH$_2$OH) ; 3.85 (m. 8H. –CH$_2$OCH$_2$-); 4.16 (t, 4H, J = 3.6 Hz, ArOCH$_2$- ,: 4.36(q. 2H. J = 7.0 Hz, -CH$_2$CH$_3$), 6.72 (t, 1H, J = 2.2 Hz. -ArH sur C-4); 7.22 (d, 2H, J = 2.2 Hz. -ArH sur C-2,6).

III. 3. 5. 3. La synthèse du composé (3) : (ditosylate)

Un mélange de diol **(2)** (26.00 g; 72.52 mM) et de chlorure de tosyle (29.41 g; 290 mM) a été dissous dans le dichlorométhane (700 ml) puis refroidi dans un bain contenant de la glace pendant 30 minutes. Une petite quantité de triéthylamine a été ajoutée goutte à goutte au mélange précédent. Ce dernier a été agité pendant 72 heures à la température ambiante. Le produit synthétisé a été neutralisé à l'aide d'une solution de HCl 1M. La phase organique a été traitée avec de sulfate de sodium puis filtrée et évaporée dans un rotavapeur. La chromatographie sur colonne contenant le gel de silica (dichloromethane/acetone : 99 :1) a été utilisée pour donner un produit très pur **(3) (ditosylate)** (22.29 g), le rendement de la réaction égal 46%. ^{1}H RMN (200 MHz; CDCl$_3$) δ 1.38 1 t. ,H. J = 7.0 Hz, -CH$_2$CH$_3$), 2.40 (s, 6H, -S0$_3$C$_6$H$_4$CH$_3$)); 3.74 - 4.18) (m, 16H, glycolic-CH$_2$); 4.35 (q, 2H, J = 7.0 Hz, -CH$_2$CH$_3$), 6.63 (t. 1 H, J = 2.2 Hz. -ArH sur C-4); 7.16 (d, 2H, J = 2.2 Hz, - ArH sur C-2,6); 7.27 (d, 2H, J = 8.2 Hz,ArH de tosyl); 7.76 (d, 2H. J = 8.2 Hz, ArH de tosyl). Analyse élémentaire (%): trouvée, C, H. 5.7; C$_{31}$H$_{38}$O$_{12}$S$_2$; calculée C, 55.84; H, 5.74 %.

III. 3. 5. 4. Synthèse du Ligand 17 : (bis-couronne-6 calix[4]arène): C$_{62}$H$_{68}$O$_{16}$

Un mélange composé de 6.37 g de calix[4]arène, 20.73 g de carbonate de potassium (20.73 g) et 10 g de ditosylate **(3)** a été dissous dans 500 ml d'acétonitrile puis agité pendant 30 minutes. Le mélange obtenu a été chauffé à 36°C et maintenu en agitation pendant 7 jours. Après refroidissement, le mélange a été évaporé dans le rotavapeur pour éliminer le solvant. Le résidu obtenu dans le ballon rond a été dissous dans le dichlorométhane et la phase organique formée a été lavée 3 fois avec une solution de HCl 1M. Afin d'éliminer l'eau qui peut exister dans la phase organique, nous avons ajouté des cristaux de sulfate de sodium. Après filtration et évaporation, la phase organique a été dissoute encore une fois dans un mélange de (dichlorométhane/acetone : 95 :5).

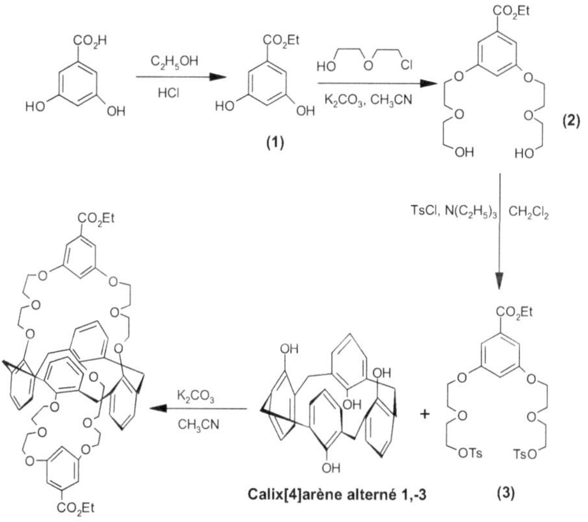

Bis-couronne-6 Calix[4]arène

(Ligand 17)

*Figure III-21 : Schéma de synthèse du ligand **17***

Pour rendre le produit synthétisé plus pur, La solution obtenue a été passée à travers une colonne en gel de silica (Merck Kielselgel N° 11567) puis cristallisée dans l'acétone pour donner 2,7 g du composé **(4)** à l'état très pur, c'est le bis-couronne-6   calix[4]arène (figure III-25). Le rendement de la réaction est estimé à 17%. Le point de fusion : 226 - 227 °C. ^{1}H-RMN (200 MHz: CDCl$_3$) δ 1.41 (t, 6H, J = 7.0 Hz, -CH$_2$CH$_3$), 3.48 (s, 8H, Ar-CH$_2$-Ar); 3.87 - 3.97 (m, 16H, -OCH$_2$CH$_2$); 4.04 (t, 8H, J = 5.2 Hz, ArOCH$_2$CH$_2$ (benzo)); 4.40 - 4.33 (m, 12H, ArOCH$_2$CH$_2$ (calix), -CH,CH$_3$), 6.37 (t, 4H, J = 7.5 Hz, ArH (calix)-para); 6.97 (d, 2H, J = 2.3 Hz, -ArH sur C-4); 7.09 (d, 8H, J = 7.5 Hz, ArH (calix)-m); 7.31(d, 4H, J = 2.3 Hz, -ArH sur C-2,6). Analyse élémentaire (%) : trouvée C, 69.5; H, 6.3 ; C$_{62}$H$_{68}$O$_{16}$, calculée :C, 69.65; H, 6.41 %.

III. 3. 5. 5. Synthèse du Ligand (4$_9$) : 25,27-Bis(1-propyloxy)calix[4]arène :

Un mélange composé de iodopropane-1 (4.79 g) et de K$_2$CO$_3$ (3.9 g) a été ajouté à une suspension de calix[4]arène (3.0 g) en solution dans CH$_3$CN (200 rnl). Après avoir agité la solution pendant 24 heures sous reflux, le solvant a été enlevé sous pression réduite et le résidu formé au fond du ballon rond a été dissous dans 100 ml de CH$_2$Cl$_2$. La phase organique formée a été rincée une fois avec du HCl 1M (100 ml) et deux fois avec de l'eau distillée (2 x 100 ml). Après séparation, la phase organique été évaporée dans un rotavapeur pour donner   un   liquide visqueux qui sera cristallisé dans un mélange de (CH$_2$Cl$_2$/méthanol 1:5). En fin un composé pur a été obtenu. Le rendement de la réaction a été estimé à 64%; Le point de fusion : 268-270 °C; Le spectre 'H RMN obtenu en utilisant le solvant de référence (CDCl$_3$). Les pics caractéristiques sont : δ 8.32 (s, 2H, OH), 7.10 et 6.95 (d, J = 7.5 Hz, 4H, ArH méta), 6.78 et 6.70 (t, J = 7.5 Hz, 2H, ArH para), 4.38 (d, J = 12.9 Hz, 4H, ArCH$_2$Ar), 4.02 (t, J = 6.2 Hz, 4H, OCH$_2$CH$_2$CH$_3$), 3.43 (d J = 12.9 Hz, 4H, ArCH$_2$Ar), 2.13 (m, 4H, OCH$_2$CH$_2$CH$_3$), 1.36 (t, J = 7.3 Hz, OCH$_2$CH$_2$CH$_3$); ^{13}C RMN (CDCl$_3$) δ 153.3, 151.9 (s, Ar ipso), 133.4, 128.9 (s, Ar ortho), 128.4, 128.1 (d, Ar méta), 125.2 (d, Ar para), 78.2 (t, OCH$_2$CH$_2$CH$_3$), 31.4 (t, ArCH$_2$Ar), 23.4 (t, OCH$_2$CH$_2$CH$_3$), 10.8 (q, OCH$_2$CH$_2$CH$_3$); Analyse élémentaire : ($C_{34}H_{36}O_4$) Calculée: C, 80.29; H, 7.13 ; Trouvée: C, 80.34; H, 7.07.

III. 3. 5. 6. Synthèse du Ligand 18 : 25,27-Bis(1-propyloxy) couronne-6 calix[4]arène 1, 3- alternée : $C_{44}H_{54}O_8$

Le 25,27-Bis(1-propyloxy) calix[4]arène (ligand **4₉**, 2.28mM) a été dissous dans 400 ml de CH_3CN. La solution obtenue a été mélangée avec 2.93 g du carbonate de césium et 10 ml de di-p-toluenesulfonate du tétraéthylène glycol puis placée sous une atmosphère en azote pendant 24 heures à la température de 34°C. Une fois la réaction terminée, le solvant est évaporé dans un rotavapeur. L'extrait sec obtenu a été traité avec 70 ml de CH_2Cl_2 et 70 ml de HCl 1M. La phase organique a été séparée et lavée deux fois avec de l'eau distillée. Le composé synthétisé (figure III-22) a été cristallisé dans le méthanol. Le rendement de la réaction a été estimé à 80%; Le point de fusion : 140-141 °C.

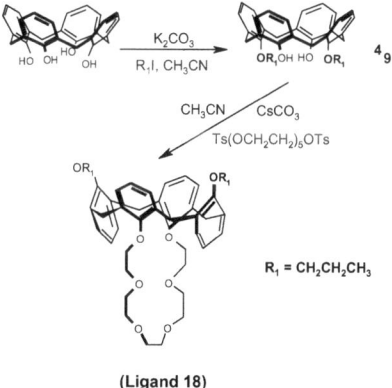

(Ligand 18)

*Figure III-22: Schéma du ligand **18** : 25,27-Bis(1-propyloxy)couronne-6 calix[4]arène 1,3- alternée*

Le spectre ¹H RMN obtenu en utilisant le solvant de référence ($CDCl_3$). δ 7.10 (d J = 7.2 Hz. 4H, ArH méta), 7.03 (d, J = 7.6 Hz, 4H, ArH méta), 6.84 (t, J = 7.2

Hz, 2H, ArH para), 6.80 (t, J = 7.6 Hz, 2H, ArH para), 3.78 (s, 8H, ArCH$_2$Ar), 3.73 (s, 4H, ArO(CH$_2$CH$_2$O)$_2$CH$_2$), 3.68 (t, J = 5.0 Hz, 4H, ArOCH$_2$CH$_2$O), 3.62 (t, J = 6.0 Hz, 4H, OCH$_2$CH$_2$CH$_3$), 3.52 (t, J =5.0Hz, 4H, ArOCH$_2$CH$_2$OCH$_2$-CH$_2$OCH$_2$), 3.45-3.40 (m, 8H, ArOCH$_2$CH$_2$OCH$_2$CH$_2$OCH$_2$), 1.32 (m, 4H, OCH$_2$CH$_2$CH$_3$), 0.73 (t, J = 7.2 Hz, 6H, OCH$_2$CH$_2$CH$_3$); ^{13}C RMN (CDCl$_3$) δ : 156.9, 156.5 (s, Ar ipso), 134.0, 133.7 (s, Ar ortho), 129.8, 129.7 (d Ar méta), 122.0 (d, Ar para), 72.1, 71.2, 71.0, 69.9 (t, OCH$_2$),

37.9 (t, ArCH$_2$Ar), 22.7 (t, OCH$_2$CH$_2$CH$_3$), 10.1 (q, CH$_3$); Analyse élémentaire calculée pour C$_{44}$H$_{54}$O$_8$: C, 74.33; H, 7.65, trouvée: C, 74.25; H, 7.73.

III. 3. 5. 7. Synthèse du Ligand (4$_{10}$) : 25,27-Bis(1-octyloxy)calix[4]arène

Un mélange composé de iodooctane-1 (6.20 g, 25.8 mM) et de K$_2$CO$_3$ (3.9 g, 28.2 mM) a été ajouté à une suspension de calix[4]arène (5.0 g, 11.6 mM) en solution dans CH$_3$CN (250 rnl). Après avoir agiter la solution pendant 5 jours sous reflux, le solvant a été enlevé sous pression réduite et le résidu formé au fond du ballon rond a été dissous dans 100 ml de CH$_2$Cl$_2$. La phase organique formée a été rincée une fois avec du HCl 1M (100 ml) et deux fois avec de l'eau distillée (2 x 100 ml). Après séparation, la phase organique a été évaporée dans un rotavapeur pour donner un liquide visqueux qui a été cristallisé dans un mélange d'hexane. Le ligand (4$_{10}$) a été préparé dans les mêmes conditions que celles du ligand (4$_9$), seulement nous avons joué sur le temps de synthèse et les quantités des réactifs. Le rendement de la réaction a été estimé à 52%; Le point de fusion T$_f$ = 115-117 °C.

Le spectre ^{1}H RMN obtenu en utilisant le solvant de référence (CDCl$_3$). Les pics caractéristiques sont : δ : 8.25 (s, 2H, OH), 7.06 (d, J = 7.4 Hz, 4H, ArH méta), 6.92 (d, J = 5.9 Hz, 4H, ArH méta), 6.74 (t, J = 5.9 Hz, 2H, ArH para), 6.65 (t, J = 7.4 Hz, 2H, ArH para), 4.33 (d, J = 13.1 Hz, 411, ArCH$_2$Ar), 4.00 (t, J = 6.6 Hz, 4H, OCH$_2$R), 3.38 (d, J = 13.1 Hz, 4H, ArCH$_2$Ar), 1.30 (m, 24H, OCH$_2$(CH$_2$)$_6$CH$_3$), 0.91 (t, J = 6.8 Hz, OCH$_2$(CH2)$_6$CH$_3$)).

Le spectre ^{13}C RMN (CDCl$_3$) δ : 153.6, 152.6 (s, Ar ipso), 133.0, 129.1 (s, Ar ortho), 128.7, 128.5 (d Ar méta), 125.5, 119.2 (d, Ar para), 77.3 (t, OCH$_2$R), 32.2, 31.7, 30.3, 29.8, 29.6, 26.3, 23.0 (t, OCH$_2$(CH$_2$)(CH$_3$ et ArCH2Ar), 14.4 (q, OCH$_2$(CH$_2$)6CH$_3$).

L'analyse élémentaire : Calculée pour   C$_{44}$H$_{56}$O$_4$: C, 81.45; H, 8.69. Trouvée: C, 81.53; H, 8.58.

III. 3. 5. 8. Synthèse du Ligand *19 : 25,27-Bis(1-octyloxy) couronne-6 calix[4]arène 1, 3-aternée : C$_{54}$H$_{74}$O$_8$*

Le 25,27-Bis(1-octyloxy) calix[4]arène (ligand 4_{10}, 2.28mM) a été dissous dans 400 ml de CH$_3$CN. La solution obtenue a été mélangée avec 2.93 g du carbonate de césium et 10 ml de di-p-toluènesulfonate du pentaéthylène glycol puis placée sous une atmosphère en azote pendant 24 heures à la température 34°C. Une fois la réaction est terminée, le solvant a été enlevé dans le rotavapeur. L'extrait sec obtenu a été traité avec 70 ml de CH$_2$Cl$_2$ et 70 ml de HCl 1M. La phase organique a été séparée et lavée deux fois avec de l'eau distillée puis évaporée sous une pression réduite. La poudre obtenue a été dissoute dans un mélange d'acétate d'éthyle/ hexane (1:1). La phase organique obtenue a été purifiée sur une colonne en gel de silica 60 (SiO$_2$, Merck, taille de particule 0.04-0.06 mm, 230-240 mesh), le composé synthétisé a été cristallisé dans le méthanol. Le rendement de la réaction est égal 70%. Le point de fusion, T$_f$: 94-95 °C, (figure III-23).

Le spectre ^{1}H RMN (CDCl$_3$) δ : 7.12 (d, J = 7.5 Hz, 4H, ArH méta), 7.08 (d, J = 7.5 Hz, 4H, ArH mets), 6.83 (t, J = 7.5 Hz, 2H, ArH para), 6.77 (t, J = 7.5 Hz, 2H, ArH para), 3.78 (s, 8H, ArCH$_2$Ar), 3.71 (s, 4H, ArO(CH$_2$CH$_2$O)$_2$CH$_2$), 3.66 (t, J = 4.6 Hz, 4H, ArOCH$_2$CH$_2$OCH$_2$CH$_2$OCH$_2$), 3.60 (t, J = 6.0 Hz, 4H, OCH$_2$(CH$_2$)$_6$CH$_3$), 3.49 (t, J = 4.6 Hz, 4H, ArOCH$_2$CH$_2$OCH$_2$CH$_2$OCH$_2$), 3.40 (m, 8H, ArOCH$_2$CH$_2$OCH$_2$CH$_2$OCH$_2$), 1.36-1.15 (m, 24H, OCH$_2$(CH$_2$)6CH$_3$),

0.92 (t, J = 7.1 Hz, 6H, OCH$_2$(CH$_2$)$_6$CH$_3$). Le schéma de synthèse du ligand **19** est donné par la figure III-26.

Le spectre ^{13}C RMN (CDCl$_3$) δ : 157.0, 156.6 (s, Ar ipso), 134.1, 133.8 (s, Ar ortho), 129.8, 129.7 (d, Ar méta), 122.2 (d, Ar para), 71.3, 71.1, 71.0, 70.7, 69.9 (t, OCH$_2$), 38.0 (t, ArCH$_2$Ar), 32.0, 29.8, 29.5, 29.4, 25.9, 22.8 (t, ArOCH$_2$ (CH2)$_6$CH$_3$), 14.3 (q, CH$_3$). L'analyse élémentaire (%) calculée pour C$_{54}$H$_{74}$O$_8$: C, 76.20; H, 8.76. trouvée: C, 76.08; H, 8.83.

La masse molaire du ligand **19** a été confirmé par spectroscopie de masse . MS (DCI), *m/e* 850.2 (M$^+$ calculée 850.5).

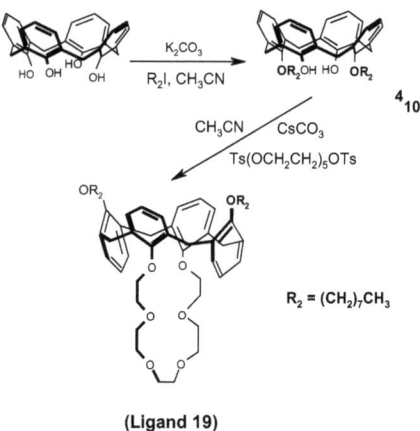

(Ligand 19)

*Figure III-23: Schéma du ligand **19** : 25,27-Bis(1-octyloxy)couronne-6 calix[4]arène 1, 3- alternée*

III. 3. 5. 9. <u>Synthèse du Ligand</u> (4$_{11}$) : 25,27-Bis[l-(8-((2-nitrophényl)oxy) octyl)oxy]-26,28-dihydroxycalix[4]arène

Un mélange composé de 2-(1-(8-bromooctyl)oxy)nitrobenzène (7.90 g, 23.9 mM) et de K$_2$CO$_3$ (1.50 g, 10.87 mM) a été ajouté à une suspension de calix[4]arène (4.61 g, 10.87 mM). Le mélange a été agité pendant 12 heures à la température de 34°C. Après refroidissement, le solvant a été enlevé sous pression réduite et le résidu formé au fond du ballon rond a été dissous dans 100 ml de CH$_2$Cl$_2$. La phase organique formée a été traitée de la même manière que celle du ligand (4$_9$) préparé précédemment. Le composé synthétisé a été dissous dans le dichlorométhane puis purifié a travers une colonne contenant   SiO$_2$. Le rendement de la réaction a été estimé à 57%; Le point de fusion : 54-56 °C ;

Le spectre ^{1}H RMN obtenu en utilisant le solvant de référence (CDCl$_3$). Les pics caractéristiques sont :   δ : 8.20 (s, 2H, OH), 7.76 (d, J = 8.1 et 1.6 Hz, 2H, PhH-3), 7.42 (d, J = 7.9 et 1.6 Hz, 2H, PhH-5), 7.1-6.8 (m, 12H, ArH et PhH-4,6), 6.75-6.55 (m, 4H, ArH para), 4.30 (d, J = 12.9 Hz, 4H, ArCH$_2$Ar), 4.1-3.9 (m, 8H, OCH$_2$), 3.36 (d, J = 12.9 Hz, 4H, ArCH$_2$Ar), 2.15-1.35 (m, 24H, CH$_2$).

Le spectre ^{13}C RMN (CDCl$_3$) δ 153.4, 152.5, 152.0 (s, ArC-0 et PhC-0), 139.9 (s, PhC-NO$_2$), 134.0, 128.9, 128.4, 125.5, 125.2, 120.0, 118.9, 114.4 (Ar et Ph), 133.2, 128.2 (s, Ar ortho), 76.6 (t, ArOCH$_2$), 69.6 (t, PhOCH$_2$), 31.4, 30.0, 29.3, 29.2, 29.0, 25.8 (t, ArCH$_2$Ar et CH$_2$); Analyse élémentaire : Calculée pour C$_{56}$H$_{62}$N$_2$O$_{10}$: C, 72.86; H, 6.77; N, 3.03, trouvée: C, 72.99; H, 6.85; N, 3.30.

III. 3. 5. 8. *Synthèse du Ligand 20: 25,27-Bis[l-(8-((2-nitrophényl)oxy) octyl)oxy] couronne-6 calix[4]arène 1,3-alternée : C$_{66}$H$_{80}$N$_2$O$_{14}$*

Le Bis[l-(8-((2-nitrophényl)oxy)octyl)oxy]-26,28-dihydroxycalix[4]arène (le ligand (4$_{11}$), 2.28mM) a été dissous dans 500 ml de CH$_3$CN. La solution obtenue a été mélangée avec 2.93 g du carbonate de césium et 10 ml de di-p-toluènesulfonate du pentaethylène glycol puis placée sous une atmosphère en azote pendant 24 heures à la température 34°C. Une fois la réaction est terminée, le solvant a été enlevé dans le rotavapeur et la poudre synthétisée a été traitée avec 100 ml de CH$_2$Cl$_2$ et 100 ml de HCl 1M. La phase organique a été séparée et lavée 3 fois avec de l'eau distillée puis évaporée sous une pression réduite. La poudre obtenue a été dissoute dans un mélange d'acétate d'éthyle/

éther de pétrole (1:3). La phase organique obtenue a été purifiée sur une colonne en gel de silica 60 (SiO$_2$ Merck, taille de particule 0.04-0.06 mm, 230-240 mesh). Un liquide visqueux de couleur jaune a été obtenu et cristallisé très lentement dans l'hexane pour donner une poudre jaune très claire; Le rendement de la réaction est égal à 63%, le point de fusion T$_f$ = 51-52°C.

Le spectre 'H RMN (CDCl$_3$) δ : 7.79 (dd, J = 7.6 et 1.7 Hz, 2H, PhH-3), 7.48 (di, J = 7.9 et 1.7 Hz, 2H, PhH-5), 7.15-6.9 (m, 12H, ArH et PhH-4,6), 6.9-6.7 (m, 4H, ArH), 4.09 (t, J – 6.4 Hz, 4H, PhOCH$_2$), 3.78 (s, 8H, ArCH$_2$Ar), 3.7-3.3 (m, 24H, OCH$_2$), 1.95-1.1 (m, 24H, CH$_2$).

Le spectre ^{13}C RMN (CDCl$_3$) δ 156.9, 156.5, 152.5 (s, ArC-O et PhCO), 140.0 (s, PhC-NO$_2$), 134.0, 129.8, 129.6, 125.5, 122.1, 120.0, 114.4 (Ar et Ph), 77.3 (t, ArOCH$_2$), 71.2, 71.1, 71.0, 70.5, 69.8, 69.6 (t, OCH$_2$CH$_2$O and PhOCH$_2$), 37.9 (t, ArCH$_2$Ar), 29.6, 29.4, 29.3, 29.0, 25.9, 25.8 (t, CH$_2$); La masse molaire du ligand **20** calculée : 1124.6. L'analyse élémentaire (%) calculée pour C$_{66}$H$_{80}$N$_2$O$_{14}$: C, 70.44; H, 7.17; N, 2.49, trouvée: C, 70.59; H, 7.17; N, 2.48. La masse molaire a été confirmée par spectroscopie de masse : MS (FAB), m/e 1125.3 ((M + H)$^+$

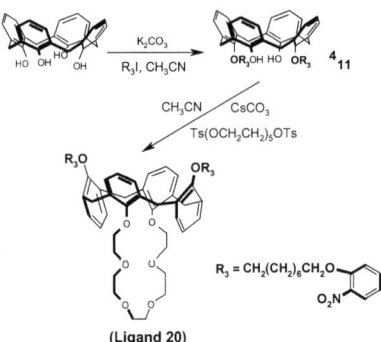

(Ligand 20)

*Figure III-24 : Schéma de synthèse du Ligand **20** : 25,27-Bis[l-(8-((2-nitrophényl)oxy) octyl)oxy]couronne-6 calix[4]arène 1,3-alternée*

III. 4. Synthèse des dérivés du thiacalix[4]arène
Synthèse des ligands 21, 22 et 23

Vu le caractère thiophilique de l'or vis-à-vis des calixarènes porteurs des groupements fonctionnels contenant des atomes de soufre, nous avons synthétisé trois ligands dont les atomes du soufre se trouvent sur la couronne calixarénique. Les ligands sont :

- Acide acétique thiacalix[4]arène : thia- acide (Ligand **21**)
- Acétate d'éthyle thiacalix[4]arène : thia-ester (Ligand **22**)
- Sulfonate de sodium thiacalix[4]arène : thia-sulfonate(Ligand **23**)

Un mélange composé de 10g de R-phénol, 50 ml de $CH_3(OCH_2CH_2)_4OCH_3$, 2 g de soufre et 0,48g de NaOH est chauffé pendant 3 heures à 110-120 °C jusqu'à obtention d'une pâte visqueuse de couleur jaune. Cette dernière est maintenue à la température de 230°C, dans un reflux d'éther diphényle (500 ml) et de toluène (500 ml) pour une durée de 4h. Une fois le changement de couleur est obtenu (du jaune clair au jaune marron), le mélange est refroidi et traité par l'acétate d'éthyle. Le produit brut est séparé par filtration et recristallisé à partir de toluène en donnant une poudre jaune foncé placée sous vide pour enlever les traces de solvant (figure III-25).

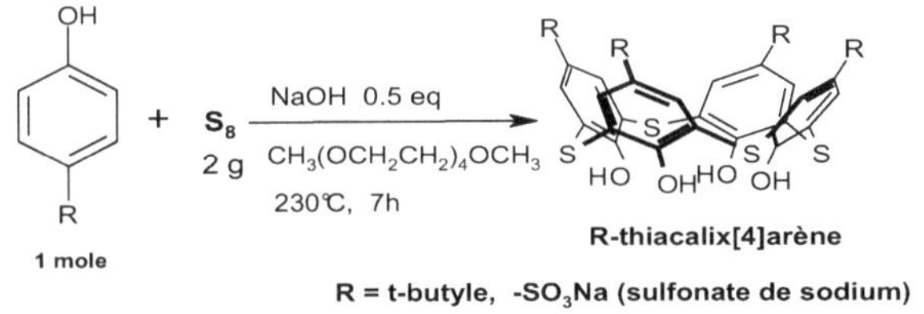

Figure III-25 : Schéma de synthèse des ligands 21

Les principaux pics du ^{1}H RMN et ^{13}C RMN sont résumés comme suit :

^{1}H RMN (δ, ppm, CD$_3$Cl) 9.60 (s, 4H, OH), 7.64 (s, 8H, ArH), 1.22 (s, 36H, C(CH$_3$)$_3$) ^{13}C RMN (δ, ppm, CD$_3$Cl) 155.63, 144.70, 135.40, 120.54 (Ar), 34.22 ($\underline{C}$(CH$_3$)$_3$), 31.25 (C($\underline{C}$H$_3$)$_3$), Point de fusion: 320-323 °C; IR (KBr) 3324 cm^{-1} (OH), Analyse élémentaire (%) calculée pour C$_{40}$H$_{48}$O$_4$S$_4$: C : 66.63, H : 6.71, S : 17.97, O :8.88, trouvée : C : 66.4, H : 6.5, S : 17.5. (Masse molaire : 720 g.mol^{-1}).

Le spectre UV *de* t-butylthiacalix[4]arène synthétisé est caractérisé par deux pics l'un est très intense à 296 nm et le deuxième à 306 nm.

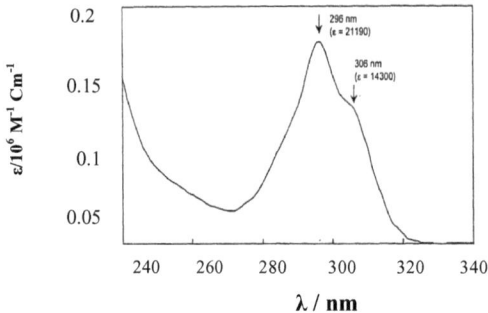

Figure III-26 : Spectre UV de t-butylthiacalix[4]arène dans le dichloromethane

Les principaux pics caractéristiques du spectre ^{1}H NMR et ^{13}C RMN du thiacalix[4]arène porteur du groupement sodium sulfonate sont :

^{1}H RMN (δ, ppm, 0.6 ml D$_2$O) 8.87 (s, 8H, ArH), ^{13}C RMN (δ, ppm, 0.6 ml D$_2$O) 164.27, 139.43, 138.93, 124.87 (Ar) m.p. 370-390 °C (décomposition); IR (KBr) 3459, 3342, 1450, 1198, 1154, 1048, 614 cm^{-1} , Analyse élémentaire (%) calculée pour : C$_{24}$H$_{12}$Na$_4$O$_{16}$S$_8$•C$_2$H$_6$O•3H$_2$O : C ; 31.04, H ; 2.61, Na ; 9.15. trouvée : C :30.9, H : 2.6, Na : 9.6.

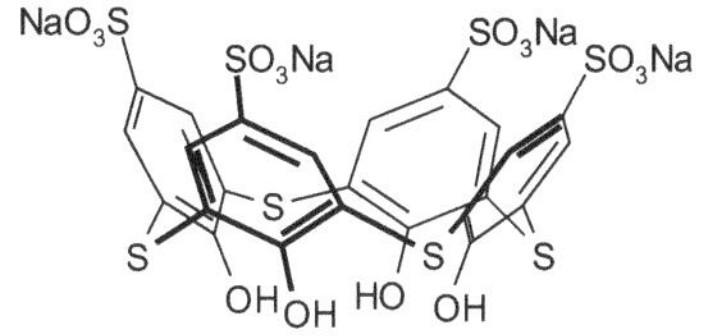

Figure III-27: Structure chimique de Sodium sulfonatethiacalix[4]arène

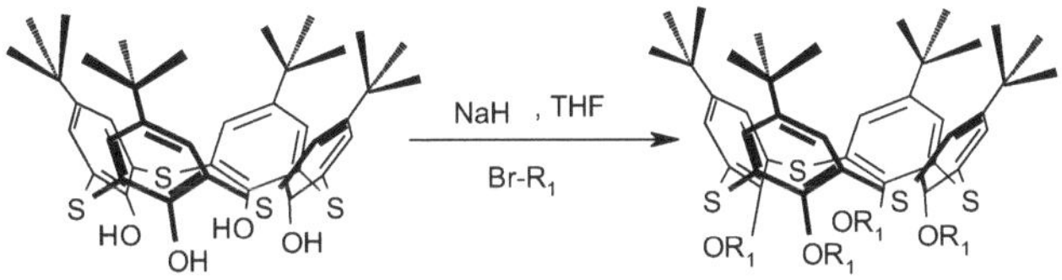

Thiacalixarène-acide: R$_1$ = -CH$_2$COOH   (Ligand 22)

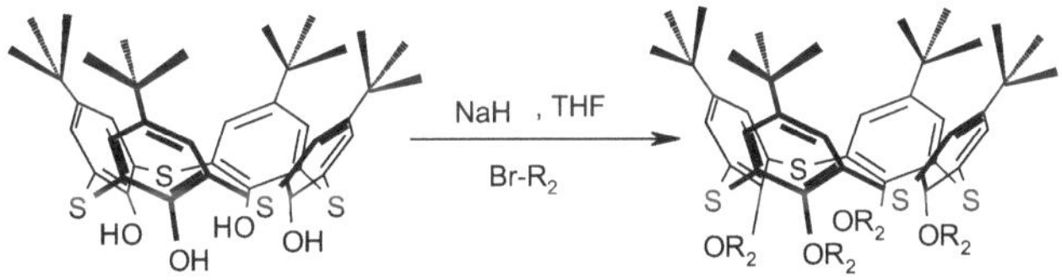

Thiacalixarène-ester: R$_2$ =-CH$_2$COOC$_2$H$_5$ (Ligand 23)

Figure III-28: Schéma de synthèse des ligands 22 et 23

Chapitre IV
Application des calixarènes
synthétisés à l'extraction
des métaux

CHAPITRE IV

Application des calixarènes synthétisés à l'extraction de l'or, de l'argent et de quelques métaux de transition

Dans ce chapitre, nous présenterons les résultats d'applications de nouveaux dérivés de calixarènes à l'extraction de l'or, de l'argent et de quelques métaux de transition.

Afin d'évaluer l'importance de l'effet macrocylique des calixarènes comme plateforme de préorganisation et la présence des groupements fonctionnels greffés sur les bords supérieur et inférieur sur le procédé d'extraction des métaux de transition, en particulier l'or et l'argent, nous avons établi les propriétés extractantes de trois nouvelles séries d'oligomères cycliques en fonction de la taille de la couronne calixarénique, se sont:

- Les dérivés de calix[6]arène
- Les dérivés de calix[4]arène
- Les dérivés de thiacalix[4]arène (présence du soufre sur la couronne calixarénique)

IV. 1. Extraction de l'or à l'aide des dérivés du calix[6]arène

Les nouveaux dérivés du calix[6]arène sont porteurs du groupement amide. Il s'agit de :

- Ligand **1** : (Aniline amide p-tert-butyl calix[6]arène)
- Ligand **2** : (Aniline amide p-tert-octyl calix[6]arène)
- Ligand **3** : (Aniline thioamide p- tert-butyl calix[6]arène)
- Ligand **4** : (Méthyl pyridique p-tert-octyl calix[6]arène)

- Ligand **5** : (Di-n-buthyl amide p-tert-butyl calix[6]arène)
- Ligand **6** : (Di-n-buthyl thioamide p- tert-butyl calix[6]arène)

Le processus expérimental consiste à déterminer les différents paramètres qui influent sur le procédé d'extraction de l'or à savoir :

- L'effet du pH du milieu sur les pourcentages d'extraction.
- L'effet de la concentration de la phase organique et de la phase aqueuse.
- La cinétique d'extraction
- Les poucentages d'extraction et les coefficients de de distribution entre la phase aqueuse et la phase organique
- La stabilité et la stoechiométrie des complexes formés

IV.1. 1. Effet du pH d'équilibre sur le pourcentage d'extraction

Le rôle du pH du milieu est très primordial lors du phénomène de complexation. La sélectivité peut alors être différente et le comportement du contre ion associé au cation est susceptible d'être modifié en fonction du milieu.

La phase aqueuse est préparée à partir du sel AuCl$_3$ dissous dans l'acide chlorhydrique 1M. En solution aqueuse, l'or existe sous forme : Au(III), Au(I), AuCl$_4^-$. La forme la plus dominante est AuCl$_4^-$ dans le cas ou la concentration en Cl$^-$ > 0.1 M (*log β* = 25)[211]. La cavité du calix[6]arène est approximativement 0.8 nm [2], elle est assez large pour accueillir l'ion AuCl$_4^-$ qui a 0.57 nm de diamètre.

Figure IV-1 montre l'évolution du coefficient de distribution D de l'or en fonction du pH d'équilibre en utilisant les ligands **3-6**. D est défini comme étant le rapport entre la concentration de l'or en phase organique et en phase aqueuse $C_{Au,org}/C_{Au,aq}$. La concentration des ligands a été gardée pendant le processus d'extraction en excès comparée à celle de l'or dans la phase aqueuse. Le domaine du pH a été choisi sur la base de la protonation des groupements fonctionnels dans un milieu fortement acide. Approximativement, le pK$_a$ des groupements greffés sur les calixarènes synthétisés sont : 5.1 (pyridine) [212], 0.1 (thioamide) [213].

Le ligand **3** est caractérisé par un pouvoir extracteur très élevé (log D ≥ 3), valeur maximale obtenue dans le domaine du pH étudié, par conséquent, nous n'avons pas pu observer une variation de D. Les lignads **4-6** montrent une dépendance vis à vis du pH du milieu en donnant lieu à des complexes avec les ions [AuCl$_4$]$^-$ sous forme de paires d'ions. Dans le cas des ligands **4** et **5** (à pH très élevé), la pente obtenue correspond à (-1), cela signifie une monoprotonation. Le pouvoir extracteur très élevé que possèdent les ligands **3** et **6** peut être interprété par une extraction synergique du groupement thiamide et l'effet tunnel de la cavité calixarènique. Ce phénomène ressemble à celui du procédé d'extraction classique qui consiste à utiliser un ligand porteur d'un atome de soufre mélangé avec une amine quaternaire dans la phase organique [130]. La coordination des ligands non protonés **3**, **4** et **6** aux ions [AuCl$_4$]$^-$ via les atomes du soufre et de l'azote est accompagnée de liberation d'un ion Cl$^-$ à pH>2.

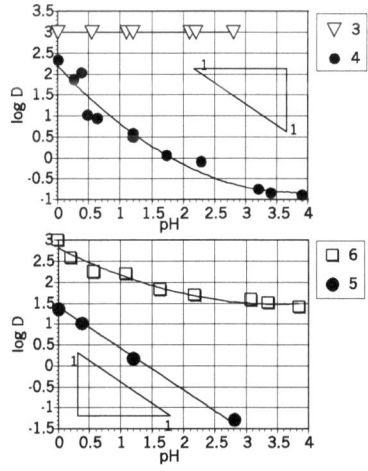

Figure IV-1: Effet du pH de la phase aqueuse sur lol'extraction de l'or par les ligands 3-6.Phase aqueuse : 14 ppm Au(III) dans 1M HCl, Phase organique :5 mM de chaque ligand. Le pH est mesuré à l'équilibre.

IV. 1. 2. Effet de la concentration des ligands sur le pourcentage d'extraction

Afin d'estimer le mécanisme d'extraction et la stœchiométrie du complexe de l'or formé, nous avons fait varier la concentration des ligands en phase organique en maintenant la concentration de l'or constante à 14 ppm dans la phase aqueuse. L'étude de l'extraction de l'or en utilisant ces composés a montré qu'ils ont un pouvoir extracteur très élevé à des valeurs de pH inférieur à 2. Les coefficients de distribution et les pourcentages d'extraction de ces métaux ont été déterminés. Les résultats obtenus illustrés par la figure IV-2 nous renseignent sur la composition des complexes formés et leurs constantes d'extraction. En tenant compte de la protonation des ligands à pH = 0, nous pouvons proposer le mécanisme d'extraction suivant :

$$AuCl_4^- + 2 L_{(org)} + H^+ \rightleftharpoons [AuCl_4^- \cdot L \cdot LH^+]_{org} \tag{1}$$

$$K_{ex} = \frac{[AuCl_4^-.L.H^+]_{(org)}}{[AuCl_4^-].[H^+].[L_{(org)}]^2} \tag{2}$$

avec $$D = \frac{[AuCl_4^-.L.H^+]_{(org)}}{[AuCl_4^-]_{(aq)}} \tag{3}$$

En combinant l'équation (2) et (3), à pH = 0, on aura :

$$\log D = 2.\log[C_L]_{(org)} + \log K_{ex} \tag{4}$$

Les courbes représentant log D en fonction de la concentration des ligands donnés par la figure IV-3 ont des pentes égales à 2, nous pouvons dire que les extractants étudiés forment des complexes avec une stoechiométrie de 1:2 (metal/ligand) à faible concentration de l'or. On parle de la formation d'un complexe sandwich (l'ion [AuCl4]- est entre deux calix[6]arènes). Ce phénomène a été observé lors de l'extraction de l'or à l'aide des extractants commerciaux tels que l'acide thiophosphinique et l'oxyde de phosphine [130].

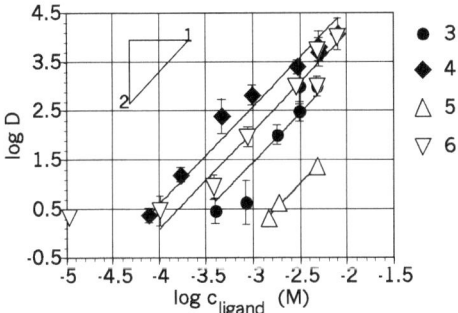

*Figure IV-2: Effet de la concentration des ligands dans la phase organique sur l'extraction de l'or par les ligands **3-6**. Phase aqueuse : 14 ppm Au(III) dans 1M HCl, Phase organique:ligand dissout dans $CHCl_3$,. Pente = 2, d'après l'équation log D = $2.log[C_l] + logK_{ex}$;   pH = 0.*

Connaissant les pentes des courbes données par la figure IV-2 à pH = 0, les constantes d'extraction des ligands étudiés peuvent être déterminées à l'aide de l'équation (4). Le tableau ci dessous donne les valeurs de K_{ex} trouvées expérimentalement :

N° ligand	$log K_{ex}$
3	7.45 ± 0.12
4	8.59 ± 0.21
5	6.01 ± 0.15
6	8.08 ± 0.13

Tableau IV-2 : Constantes d'extraction des ligands étudiés

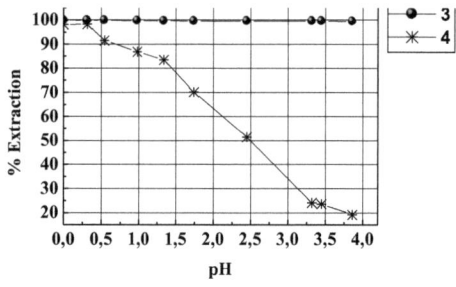

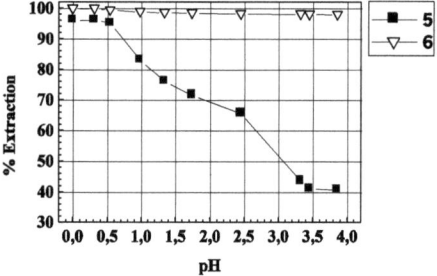

Figure IV-3: Effet du pH de la phase aqueuse sur le pourcentage d'extraction de l'or par les ligands 3-6.Phase aqueuse : 14 ppm Au(III) dans 1M HCl, Phase organique :5 mM de chaque ligand. Le pH est mesuré à l'equilibre.

Parmi les ligands étudiés, le ligand **5** porteur du groupement n-butylamide est caractérisé par un pourcentage d'extraction légèrement faible par rapport aux autres ligands.Il extrait l'or à 96% à pH = 0 (figure VI-3). Le remplacement de l'atome de l'azote par le soufre (ligand **6**) permet d'obtenir un pourcentage d'extaction de 99,97%, ceci est expliqué par le caractère thiophilique de l'or vis-vis des dérivés du calix[6]arène possédant des atomes de soufre sur les groupements fontionnels.

La stoechiométrie du ligand **4** a été étudiée à pH = 0 dans le but de montrer l'effet de la concentration de l'or en phase aqueuse. En vue d'une application analytique, Le choix de la valeur du pH très acide est motivé par le fait que l'attaque du minerai aurifère par l'eau régale donne une solution de pH=0. Deux volumes égaux de la phase aqueuse et organique équimolaire (20 mM) ont été agités pendant 5 min, centrifugés puis séparés. La phase organique obtenue a été évaporée et séchée, le résidu sec formé a fait l'objet d'une analyse élémentaire. Les pourcentages trouvés sont : C : 69.1, H : 7.70, N : 3.73%. Ceci correspond à une stoechiométrie 1:1 ([AuCl$_4$]$^-$: [ligandH]$^+$) ; les pourcentages calculés : C : 68.9, H : 7.48, N : 3.83%. Nous pouvons conclure que la stoechiométrie change en fonction de la concentration en métal dans la phase organique. A des concentrations élevées en métal, il n y a pas d'excès de ligand, ce qui favorise la formation d'un complexe de stoechiométrie (1 :1). La figure IV-4 illustre le complexe formé.

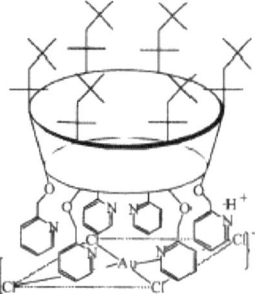

Figure IV-4 : Schéma du complexe formé entre le ligand **4** et l'ion [AuCl$_4$]$^-$

IV. 1. 3. Effet de la concentration en chlorures sur le pourcentage d'extraction

Nous avons étudié l'effet de la concentration en chlorures sur le pourcentage d'extraction ainsi que sur le coefficient de distribution. Une série de solutions aqueuses à pH constant, contiennent respectivement 17 ppm de Au(III) et 0.1 M jusqu'à 5 M de NaCl. La variation de la concentration en chlorures à pH constant de la phase aqueuse a provoquée une très légère augmentation dans les pourcentages d'extraction de l'or, (figure IV-5). Ce faible changement est interprété par le changement des coefficients d'activité (effet de sel, en anglais : salting out).

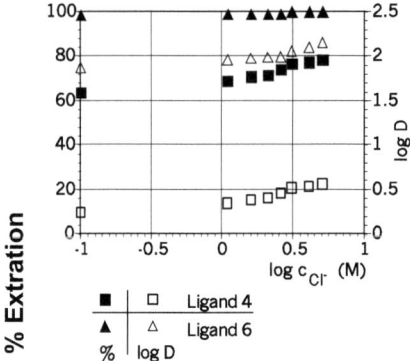

*Figure IV-5: Effet de l'ajout de NaCl dans la phase aqueuse sur l'extraction de l'or par les ligands **4** et **6**. Phase aqueuse : 17 ppm Au(III) dans 0.1M HCl + NaCl (de 0.1 jusqu'à 5M) ; Phase organique: 5 mM ligand correspondant dissout dans CHCl$_3$*

IV. 1.4. Cinétique d'extraction de l'or par les dérivés du calix[6]arène

*Tableau IV-2: Cinétique d'extraction de l'or par les ligands **3** – **6**. Vitesse d'agitation = 54 rpm, Phase aqueuse: 14 ppm dans 1M HCl; phase organique: 5 mM du ligand dans CHCl$_3$.*

%E	Temps d'extraction (min)							
	1	3	5	10	30	20	70	100
Ligand **3**	98.61	≥99.96	≥99.98	≥99.99	≥99.99	≥99.99	≥99.99	≥99.99
Ligand **4**	98.36	98.86	99.24	99.92	≥99.99	≥99.99	≥99.99	≥99.99
Ligand **5**	98.25	98.46	98.53	98.91	99.86	99.97	99.98	≥99.99
Ligand **6**	98.78	98.61	99.28	99.28	99.41	99.44	99.78	≥99.99

La cinétique d'extraction de l'or à l'aide des dérivés du calix[6]arène consiste à déterminer le temps nécessaire au passage des ions métalliques de la phase aqueuse vers la phase organique avec un pourcentage d'extraction maximal.

Les ligands synthétisés sont complètement insolubles dans l'eau. Au contact de la phase aqueuse, le dérivé de calixarène forme avec l'or un complexe plus au moins stable. Les résultats de la cinétique d'extraction de l'or, donnés par le tableau IV-2, montrent que l'équilibre est atteint très rapidement dès lors qu'un pourcentage superieur à 98% est obtenu au bout d'une minute avec les ligands **3-6**.

IV. 1. 5. Réextraction de l'or de la phase organique

Le procédé d'extraction liquide-liquide de l'or de la phase aqueuse vers la phase organique a été suivi par une réextraction du métal avec des solutions aqueuses qui permettent la récupération du métal et le recyclage de l'extractant de la phase organique pour une autre opération d'extraction. Les Ligands **4** et **5** ont une dépendance vis à vis du pH de la phase aqueuse et présentent un pouvoir extracteur très élevé comme le schématise la figure IV-2. La phase organique chargée avec de l'or pendant l'extraction peut donc être régénérée en la mettant en contact avec une phase aqueuse qui a un pH plus élevé. Nous avons obtenu une décomplexation partielle de l'or à partir de la phase organique en utilisant une solution tampon et par conséquent, un très faible pourcentage de réextraction est obtenu. La réextraction est quantitative lorsque nous avons utilisé une solution de thiourée dissoute dans 1M HCl. L'or a été extrait avec un pourcentage d'efficacité de 99%. Les résultats obtenus sont regroupés dans le tableau ci-dessous :

Tableau IV-3 : La réextraction de l'or de la phase organique par les différentes solutions. (tu : Thiourée)

Ligand	Solution tampon (pH = 5.5)	10 mM Thiourée dans H_2O (pH = 5)	10mM thiourée dans 1MHCl (pH =0)
3	5%	64.8%	> 99%
4	86%	89%	> 99%
5	80%	85%	> 99%
6	3.8%	60.1%	> 97%

La réextraction de l'or à l'aide d'une solution contenant 10 mM de thiourée dans 1M HCl de la phase organique contenant le ligand **6** est légèrement inférieur aux autres pourcentages trouvés, ceci est expliqué par le fait que le complexe formé avec le ligand **6** est plus stable. Le nombre de cycles (extraction-réextraction) est estimé pour les dérivés du calix[6]arène à 10.

IV. 1. 6. Extraction compétitive de l'or en présence de quelques métaux de transition par les dérivés de calix[6]arène.

La caractéristique la plus importante des dérivés calixarènes est l'extraction sélective d'un ion métallique par rapport à d'autres métaux. Pour pouvoir tester la capacité sélective des ligands synthétisés, il a été jugé utile d'étudier l'extraction de l'or à partir d'une solution synthétique contenant un mélange d'ions. En tenant compte de la composition chimique du minerai aurifère de la région du Hoggar (tableau VI-5), les cations métalliques présents à faibles quantités sont le zinc, le plomb, nickel et le cobalt. Par contre le fer se trouve en très grande quantité.

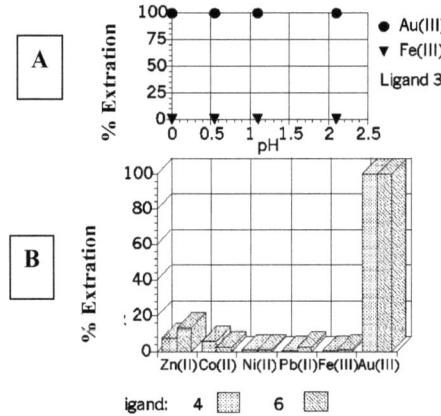

Figure IV-6: Extraction compétitive de l'or par les ligands 3, 4 et 6 en présence de quelques métaux de transition. Phase aqueuse :A) : 14 ppm Au(III) + 2 mM Fe(III) ; B) : M = 0.1mM(M = Zn(II), Ni(II), Pb(II)) , Fe(III)) dans 1M HCl; Phase organique: 5 mM ligand correspondant dissout dans CHCl₃.

Notre approche expérimentale avait pour but d'étudier en premier lieu l'extraction de l'or et du fer en milieu HCl 1M, avec une concentration en Fe(III) 30 fois plus grande que celle de l'or. L'analyse des résultats expérimentaux (figure IV-6) montre que l'extraction de l'or avec les ligands **3**, **5** est très sélective par rapport au fer. Dans l'intervalle du pH allant de 0 jusqu'à 2, le pourcentage d'extraction de l'or est de l'ordre de 99 %, par contre celui du fer, il est presque nul. Le facteur de séparation défini comme étant le rapport du coefficient de distribution de l'or par rapport à celui de fer D_{au}/D_{Fe} est supérieur à 10^5.

Parmi les ions étudiés, seuls les ions Zn(II) possèdant un caractère thiophilique, ont été extraits à 7 et 13% respectivement par les ligands **4** ct **6**. Les éléments alcalino-terreux tels que Al(III) et Ca(II) n'ont pas été extraits à partir d'un milieu très acide 1M HCl.

D'une manière générale, le pouvoir sélectif que possèdent les ligands synthétisés est discuté en terme de conception de ligand :

- une préférence de fixer des anions par rapport aux cations en raison des interactions électrostatiques.
- la cavité appropriée pour les ions [AuCl$_4$]$^-$
- la présence des atomes de soufre sur le groupement fonctionnel greffé sur le calixarène.
- l'effet macrocyclique favorise une extraction sélective de l'or à l'aide des ligands synthétisés, contrairement aux extractants classiques qui permettent une coextraction simultanée des ions Au(III) et Fe(III).

IV. 2. Application analytique des dérivés calix[6]arène à l'extraction de l'or à partir d'un minerai aurifère de la région du Hoggar

IV. 2. 1. Analyse chimique du minerai aurifère

Un échantillon représentatif de 10g d'un minerai aurifère est finement broyé (Φ < 0,125mm) puis suivi par une attaque chimique à l'aide de l'eau régale (30ml HCl + 10ml HNO$_3$). La méthode de mise en solution de ce minerai est réalisée selon le schéma ci-dessous :

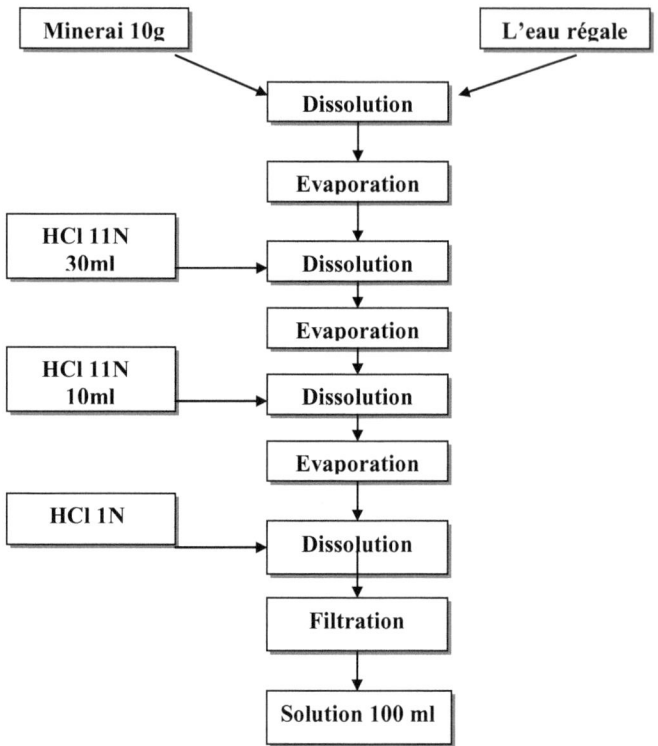

Figure IV-7: Préparation de la solution aurifère.

La solution préparée a été analysée par spectrophotométrie d'absorption atomique afin de déterminer sa composition chimique. Les résultats obtenus sont représentés dans le tableau IV-5. Parmi les métaux présents en solution, on trouve Fe(III), Al(III), Ca(II), Zn (II), Pb (II), Ag (I) et Au (III). On constate que tous les éléments déterminés se trouvent à l'état de traces, sauf le fer dont la concentration est importantente par rapport à celle de l'or. La mesure du pH de la solution préparée révéle un pH = 0

Eléments	Concentration (ppm)
Au	10,27643
Ag	0,0797
Fe	9473,7
Pb	4,31402
Co	3,9683
Zn	30,70
Ni	3,0105
Cu	8,4672

Tableau IV-5: Analyse chimique du minerai aurifère du Hoggar

L'extraction de l'or à partir d'une solution aqueuse du minerai aurifère a été réalisée par les ligands **3** et **6**.   bis-(méthylsulfamide)calix[4]arène à une concentration de 3mM/l dans le dichlorométhane. Le temps d'agitation a été fixé à 180mn avec une vitesse de 60rpm.

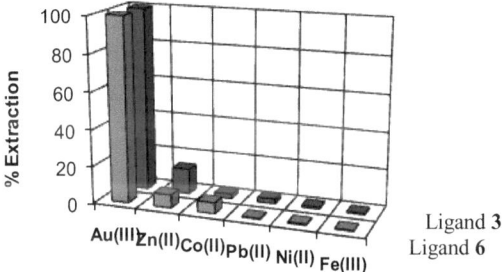

Figure IV-8 : Extraction sélective de l'or par les ligand 3 et 6 à partir d'une solution préparée d'un minerai aurifère du Hoggar. Phase org. : 5 mM du ligand   dans CHCl₃

La figure IV-8 représente les pourcentages d'extraction des ions métalliques par les ligands **3** et **6**. Nous constatons que l'or est extrait à des pourcentages très élevés (99%) par rapport aux autres éléments de la matrice métallique du minerai. Nous remarquons également que l'élément le plus dominant dans la solution, à savoir le Fer, est extrait seulement avec un pourcentage de 0,921% ainsi que les autres éléments, cela confirme les résultats obtenus en page 129 avec la solution synthétique contenant les mêmes éléments à des concentrations plus élevées. Lors de l'attaque du minerai aurifère par l'eau régale, l'argent présent dans le minerai est précipité sous forme de chlorures, ce qui explique sa disparition dans la solution préparée.

IV. 3. Extraction de l'or et de l'argent par les dérivés du calix[4]arène

Nous présentons les résultats d'application des dérivés du calix[4]arène à l'extraction de quelques métaux de transition en particulier, l'or et l'argent.

En effet, les calixarènes constituent d'excellentes plates formes pour une fonctionnalisation par des groupements extractants spécifiques. Ces groupements fonctionnels ont été greffés sur des structures calixaréniques, dans le but d'augmenter leurs propriétés extractantes par un effet de préorganisation, ce qui diminue l'énergie nécessaire au rapprochement des ligands lors du processus d'extraction. Ce dernier, dépend d'un certain nombre de paramètres, dont la nature et la structure des sites de coordination du ligand vis-à-vis de l'ion, la nature du solvant, le pH de la phase aqueuse, le temps de contact et la concentration de la phase organique.

Les dérivés du calix[4]arène utilisés comme extractants sont regroupés par famille selon les groupements fonctionnels greffés sur la structure calixarénique :

1. Les calix[4]arènes porteurs des groupements acétamide et sulfamide :

> ➤ Le 25,26,27,28-Tetrakis[3-(N-(2,2-dichloroacetyl)amino)propyloxy]-*p-tert* -butylcalix[4] arène (**Ligand 7**)
> ➤ Le 25,26,27,28-Tetrakis[3-(N-(*p*-toluensulfonyl)amino)propyloxy]-*p-tert*-butylcalix[4]arène (**Ligand 8**)

> Le 5,17-Bis[(N-methansulfonyl)aminomethyl]-25,26,27,28-tetrapropoxy calix[4]arène (**Ligand 9**).

> Le 5,17-Bis[N-(2,2-dichloroacetyl)aminomethyl]-25,26,27,28-tetrapropoxy calix[4]arène (**Ligand 10**).

> Le 5,17-Bis[N-(*p*-toluensulfonyl)aminomethyl]-25,26,27,28-tetrapropoxy calix[4]arène (**Ligand 11**).

> Le p-tert-butylcalix[4]arènediethylacetamide (**Ligand 12**)

2. Les calix[4]arènes porteurs des groupements azo

> Le p-(4-n-butylphenylazo)calix[4]arène (**Ligand 13**)

> Le p-(4-phenylazophenylazo)calix[4]arène (**Ligand 14**)

> Le p-(4-acetanilidazo)calix[4]arène (**Ligand 15**)

> Le p-(N-2-thiazol-2-sulphanylazo)calix[4]arène (**Ligand 16**)

3. Les calix[4]arènes fonctionnalisés par des couronnes

o Le (bis-couronne-6 calix[4]arène) (**Ligand 17**)

o Le 25,27-Bis(1-propyloxy) couronne-6 calix[4]arène 1, 3- alternée (**Ligand 18**)

o Le 25,27-Bis(1-octyloxy) couronne-6 calix[4]arène 1, 3-aternée (**Ligand 19**)

o Le 25,27-Bis[l-(8-((2-nitropbenyl)oxy)octyl)oxy]couronne-6 calix-[4]arène 1,3-alternée (**Ligand 20**)

IV. 3. 1. Extraction de l'or par les calix[4]arènes porteurs des groupements acétamide et sulfamide

Les essais d'extraction ont été étudiés à l'aide des calix[4]arènes substitués par des groupements fonctionnels acétamide et sulfamide au bord supérieur et inférieur de la structure calixarénique de façon à mettre en évidence l'influence de la position des groupements fonctionnels sur l'efficacité et la sélectivité de ces composés.

Avant chaque procédé d'extraction, les solutions aqueuses sont fraîchement préparées. Pour l'or, elles sont préparées à partir du sel AuCl$_3$ dissout dans l'acide chlorhydrique 1M.

IV. 3. 1. 1 Influence de la nature du solvant et le pH de la phase aqueuse sur le pourcentage d'extraction de l'or

Le solvant est particulièrement important dans les phénomènes de sélectivité. Il a en effet un rôle prépondérant dans la mesure où le cation impliqué dans le complexe doit auparavant se séparer de sa couche de solvatation. La sélectivité dépend principalement de la polarité du solvant et de ses interactions plus ou moins fortes avec les ions métalliques présents en phase aqueuse.

L'effet de la nature du solvant sur le pourcentage d'extraction a été étudié avec les calix[4]arènes porteurs des groupements acétamide et sulfamide. Dans notre cas, les solvants organiques utilisés sont : le chloroforme et le dichlorométhane. La phase organique est constituée d'un ligand synthétisé dissout dans le dichlorométhane ou le chloroforme en concentration de 0,1mmol/l, la phase aqueuse contient 0.1 mmol/l d'or dans 1M HCl à des valeurs du pH allant de 0.1 à 5. Les valeurs des pourcentages d'extraction correspondent à la moyenne arithmétique d'au moins de trois déterminations indépendantes. Le pH est ajusté en ajoutant du HCl concentré ou NH$_3$ à l'aide de pipette de Pasteur.

Les résultats obtenus montrent que les pourcentages d'extraction de l'or sont compris entre 8 et 70% (figures IV-9, IV-10, IV-11). Cependant, ils sont légèrement élevés dans le cas d'utilisation du dichlorométhane comme solvant contrairement au chloroforme. La fonctionnalisation du bord supérieur du calix[4]arène par des groupements acétamide et sulfamide entraîne une augmentation d'affinité pour l'or. Les ligands **9** et **11** extraient l'or respectivement à 48.7 et 65.86%. Ces valeurs sont toutefois légèrement supérieures à celles des calixarènes porteurs des groupements fonctionnels sur le bord inférieur des ligands **7** et **10,** ces derniers extraient l'or respectivement à 40.71et 46.21%. Par contre, les valeurs obtenues pour les ligands **8** et **12** sont faibles à pH 0.8 (37.42 et 29.18 %). Le classement des ligands, selon leur pouvoir complexant vis-à-vis de l'or est comme suit :

Ligand 11 > Ligand 9 > Ligand 10 > Ligand 7 > Ligand 8 > Ligand 12

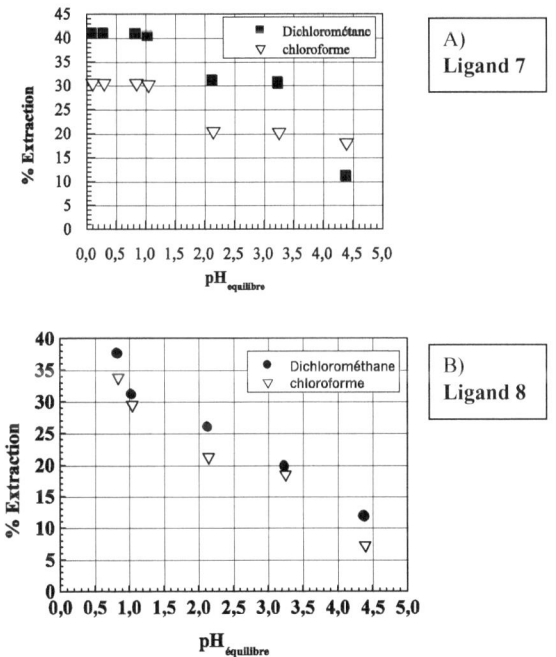

Figure IV-9 : Effet de la nature du solvant sur l'extraction de l'or. A) ligand 7 ; B) ligand 8. Au(III) = 17.43 ppm dans 1 M HCl ; [Ligand] = 0.1mM dans le dichlorométhane ou le chloroforme.

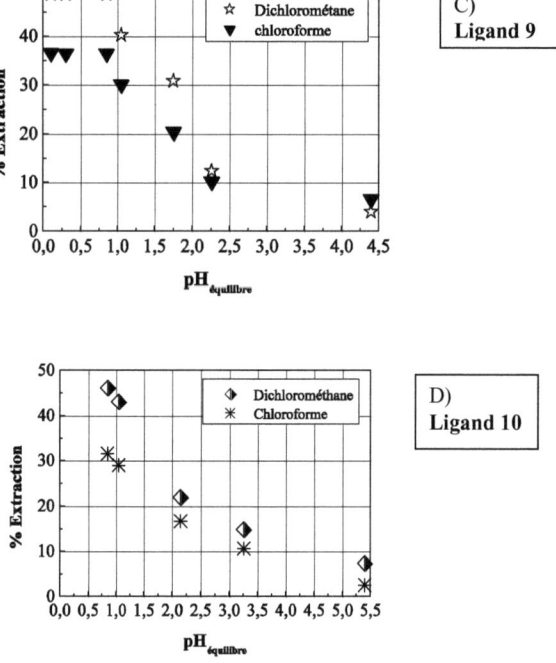

Figure IV-10 : *Effet de la nature du solvant sur l'extraction de l'or. C) ligand **9**; D) ligand **10**, Au(III) = 17.43 ppm dans 1 M HCl ; [Ligand] = 0.1mM dans le dichlorométhane ou le chloroforme.*

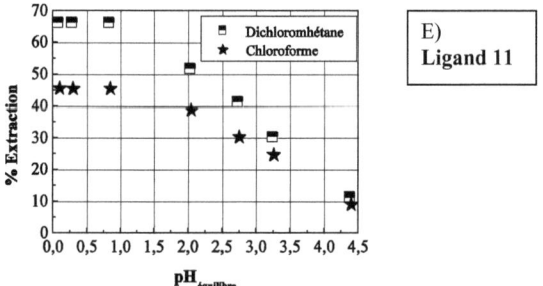

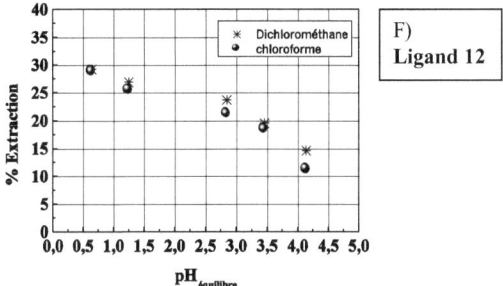

Figure IV-11: Effet de la nature du solvant sur l'extraction de l'or. E) ligand 10 ; F) ligand 11. Au(III) = 17.43 ppm dans 1 M HCl ; [Ligand] = 0.1mM dans le dichlorométhane ou le chloroforme.

Nous constatons qu'à pH inferieur à 2, les pourcentages d'extraction des dérivés de calix[4]arène restent faibles, comparés à ceux obtenus avec les calix[6]arènes.

IV. 3. 1. 2. Influence de la concentration des ligands porteurs des groupements acétamides et sulfamides sur le pourcentage d'extraction de l'or

Nous avons essayé d'explorer d'autres paramètres afin d'améliorer les pourcentages d'extraction liquide-liquide de l'or en utilisant le dichlorométhane comme solvant. A cet effet, la concentration en ligand dans la phase organique a été variée entre 5. 10^{-5} et 10^{-3} M et les solutions aqueuses contiennent 0.1 mM Au(III) dans 1M HCl. Les résultats obtenus sont illustrés par la figure IV-12. Nous constatons que les pourcentages d'extraction de l'or augmentent avec l'accroissement de la concentration des ligands dans la phase organique. Les valeurs optimales obtenus à pH 0.5 pour les ligands **7**, **8**, **9**, **10** et **11** sont respectivement : 45.35%, 39.63%, 50.34 % , 48.41%, et 69.49%. D'après ces resultats, le classement des ligands selon leur pouvoir complexant vis-à-vis de l'or est comme suit :

Ligand 11 > Ligand 9 > Ligand 10 > Ligand 7 > Ligand 8

Pour déterminer la stoechiométrie des complexes de l'or extraient avec les ligands **7 – 11**, nous avons tracé les graphes représentant le logarithme du coefficient de distribution (log D) en fonction du logarithme de la concentration en ligand dans la phase organique (log C_{org}). Ces variations sont linéaires, de pente égale à 2, qui indiquent que le complexe extrait est de stoechiométrie (métal : ligand) 1:2 (figure IV-13). La formation du complexe impliquant deux macromolécules du calix[4]arène avec l'ion [AuCl$_4$]$^-$ a déjà été mise en évidence avec les dérivés de calix[6]arène.

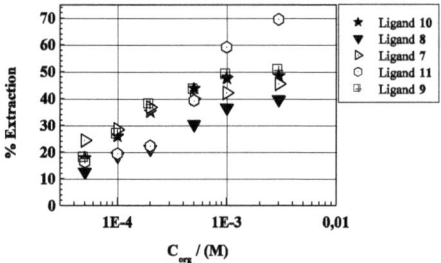

Figure IV-12 : Effet de la concentration des ligands 7 - 11 sur le pourcentage d'extraction de l'or. Phase aqueuse : Au(III) = 0.1mM dans HCl , pH = 0, phase organique : Ligands 7-11, Solvant : dichlorométhane.

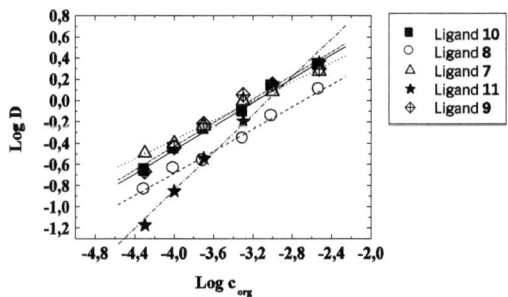

Figure IV-13: Variation du logarithme du coefficient de distribution (log D) en fonction de la concentration en ligand. Phase aqueuse : Au(III) : 0.1mM dans HCl 1 M, phase organique : Ligand 7- 11 dans le dichlorométhane.

Les pentes des courbes log D en fonction de log C_{org} représentées en figure V-13 nous renseignent sur la stœchiométrie des complexes formés et les constantes d'extraction de l'or par les différents ligands. Les résultats trouvés sont regroupés dans le tableau IV-6.

Tableau IV-6 : Stœchiométrie des complexes formés et les constantes d'extraction de l'or par les différents ligands

Ligands	Composition (Metal: Ligand)	Log K_{ex}
Ligand **7**	(1:2)	$1,78 \pm 0.13$
Ligand **8**	(1:2)	$1,39 \pm 0.18$
Ligand **9**	(1:2)	$1,85 \pm 0.25$
Ligand **10**	(1:2)	$1,77 \pm 0.21$
Ligand **11**	(1:1)	$2,71 \pm 0.13$

Une exception faite pour le ligand **11**, qui a une pente proche de 1, ceci veux dire que le complexe extrait est probablement de stoechiométrie (métal : ligand) 1:1. La constante d'extraction du ligand **11** a été évaluée graphiquement, log K_{ex} = 2.71. D'après cette valeur, nous pouvons dire que le complexe formé avec le ligand **11** est plus stable que ceux formés avec les autres ligands. Cette stabilité est due principalement à l'effet synergique exercé par les groupements aromatiques et sulfamide sur l'ion $[AuCl_4]^-$.

IV. 3. 1. 3. Cinétique d'extraction de l'or par les dérivés calix[4]arènes

Le temps du contact de la phase aqueuse avec la phase organique nécessaire pour une extraction maximale de l'or par les dérivés calix[4]arènes a été déterminé dans le but d'étudier la cinétique d'extraction.

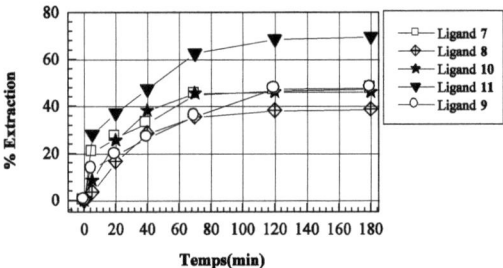

Figure IV-14: Cinétique d'extraction de l'or par les ligands 7 – 11, phase aqueuse :
Au(III)= 0.1mM dans HCl 1M ; phase organique : [Ligands]= 0.1mM dans le
dichlorométhane

Ce temps a été varié de 5 à 180mn, les résultats obtenus sont représentés sous forme de courbes %E = f (temps d'agitation). La figure IV-14 montre l'évolution du pourcentage d'extraction en fonction du temps d'agitation des deux phases. La cinétique d'extraction de l'or par les calix[4]arènes apparaît très lente comparée à celle des calix[6]arènes, l'équilibre n'est atteint qu'à partir de 120 minutes. Au delà de ce temps, les courbes restent stables et atteignent les valeurs optimales suivantes : 69,69%, 47,81%, 47,42%, 46,13% et 38,74% correspondant respectivement aux ligands **11,9, 10, 7, 8.**

IV. 3.1.4. Extraction compétitive de l'or en présence de quelques métaux de transition par les dérivés du calix[4]arène.

En tenant compte de la composition chimique du minerai aurifère (tableau IV-5) de la région du Hoggar, nous avons préparé une solution synthétique contenant un mélange d'ions métalliques. Etant donné que le fer est présent en quantité importante dans le minerai, sa concentration est prise 20 fois supérieur à celle des autres ions métalliques. Les ions métalliques ajoutés sont : $[Cu(II)]$ = $[Co(II)]$ = $[Zn(II)]$ = $[Pb(II)]$ =$[Au(III)]$= 0.1 mM, pour $[Fe(III)]$ = 2 mM, La phase organique contient 1 mM du ligand dissout dans le dichlorométhane.

La figure IV-15 montre les résultats expérimentaux de l'extraction de l'or et quelques métaux de transition par les ligands **7 – 11**. A pH = 0, l'extraction est en faveur de l'or par rapport aux autres ions métalliques. Ces derniers possèdent des valeurs de rayon ionique très proches, ce qui explique les pourcentages d'extraction obtenus presque similaires et très faible (<11%) avec tous les ligands (tableau IV-7).

Le fer n'interfère pas dans l'intervalle du pH exploré malgré sa concentration jugée excessive.

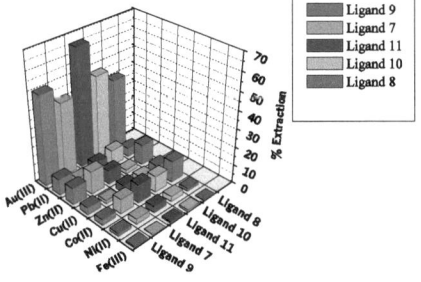

*Figure IV-15: Extraction compétitive de l'or par les ligands **7-11** en présence de quelques métaux de transition. Phase aqueuse : Fe(III) = 2 mM + M; M = 0.1mM [M = Zn(II), Ni(II), Pb(II) , Fe(III), Co(II), Au(III)] dans 1M HCl; Phase organique: 1 mM ligand dissout dans le dichlorométhane.*

Tableau IV-7 : Extraction compétitive de l'or par les dérivés du calix[4]arène en présence de quelques métaux de transition. Phase aqueuse : Fe(III) = 2 mM + M; M = 0.1mM [M = Zn(II), Ni(II), Pb(II) , Fe(III), Co(II), Au(III)] dans 1M HCl; Phase organique: 1 mM ligand correspondant dissout dans le dichlorométhane.

Ions	Pourcentage d'extraction (%)				
	Ligand **7**	Ligand **8**	Ligand **9**	Ligand **10**	Ligand **11**
Fe(III)	0,139	0,11	0,71	1,110	0,89
Ni(II)	2,89	1,50	1,62	2,87	3,22
Co(II)	7,94	11,76	3,04	8,86	9,90
Cu(II)	1,61	4,25	3,78	3,29	4,10
Zn(II)	12,37	11,27	9,07	2,33	7,12
Pb(II)	3,53	4,83	8,64	8,53	6,46
Au(III)	40,83	39,87	49,56	46,36	65,33

IV. 4. Extraction de l'argent en milieu acide nitrique par les calix[4]arènes porteurs des groupements sulfamide et acétamide

IV. 4. 1. Influence du pH de la phase aqueuse sur le pourcentage d'extraction de l'argent

Les tests d'extraction de l'argent ont été réalisés dans un milieu nitrate (0.1 M HNO_3). La phase aqueuse contient les ions Ag(I) = 0.1mM et la phase organique formée d'un ligand dissout dans le dichlorométhane. Contrairement à l'extraction de l'or, l'argent a une affinité envers les calix[4]arènes porteurs de groupement acétamide, ce qui explique les pourcentages élevés obtenus avec les ligands **10** et **8** (figure IV-16). Les valeurs optimales obtenus sont : 38.02%, 90.17%, 86.91%, 46.36%, 80.39% correspondant respectivement aux ligands **7**, **10**, **8**, **9**, **10** et **11**. Le classement des ligands, selon leur pouvoir complexant vis-à-vis de l'argent à la concentration de 0.1 mM en ligand est comme suit :

Ligand 10 > Ligand 8 > Ligand 11 > Ligand 9 > Ligand 7

Bien que les calixarènes étudiés soient en conformation cône, La présence des différents groupements fonctionnels doit nécessairement introduire une déformation de cette structure. Il est possible cependant qu'une certaine rigidification s'effectue pour le calix[4]arène le plus encombré par les groupements fonctionnels. Le macrocycle ainsi rigidifié engendre une cavité spécifique asymétrique de dimension mal adaptée à l'inclusion spécifique de l'ion Ag(I). Ce phénomène a engendré une baisse du pourcentage d'extraction (figure IV-16).

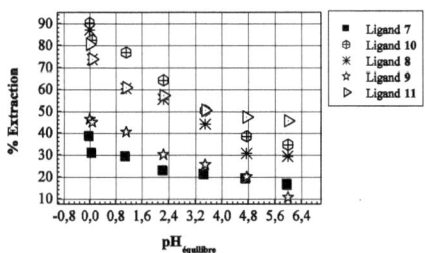

Figure IV-16: Effet du pH sur l'extraction de l'argent par les ligands 7- 11, phase aqueuse : Ag(I)= 0.1mM dans HNO₃ 0.1M ; phase organique : [Ligands]= 0.1mM dans le dichlorométhane

IV. 4. 2. *Influence de la concentration des ligands porteurs des groupements acétamides et sulfamides sur le pourcentage d'extraction de l'argent*

L'étude de ce paramètre consiste à faire varier la concentration en ligand dans la phase organique et d'étudier l'extraction d'argent par ces solutions des phases aqueuses contenant 0,1mM d'argent dans HNO$_3$ 1M. Les résultats obtenus, figure IV-17, montrent que l'efficacité de l'extraction de l'argent augmente avec l'accroissement de la concentration de la concentration du ligand dans la phase organique jusqu'à une valeur de 10^{-3} M où l'équilibre est atteint. Il y a apparition d'un palier de saturation correspondant aux valeurs maximales: Ligand **7**: (94,46%,Ligand   D = 17,06); Ligand **8** : (99,70%, D⁻ 333,42) ; Ligand **9** : (95,77%, D = 22,64); Ligand **10** : (99,79%,   D = 489,77) ; Ligand **11**: (99,65%, D = 329,48). L'argent est moins extrait par les ligands **7** et **9** par rapport aux autres ligands étudiés.

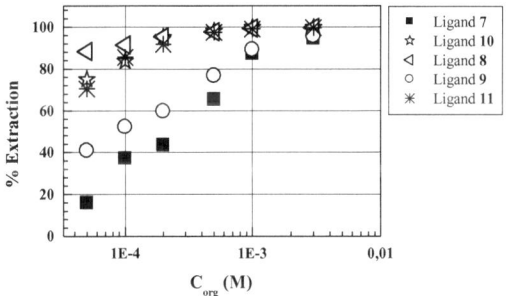

Figure IV-17 : Effet de la concentration des ligands 7 - 11 sur le pourcentage d'extraction de l'argent. Phase aqueuse : Ag(I) = 0.1mM dans HNO$_3$ 1 M , pH = 0, Solvant : dichlorométhane.

La concentration des ions d'argent diminue très rapidement dans la phase aqueuse avec l'augmentation du temps d'agitation. La cinétique d'extraction de l'argent est très rapide parce que l'équilibre d'extraction est atteint durant les premières minutes (figure IV-18). Ce phénomène a été observé en utilisant comme extractant les ligands **7-11**.

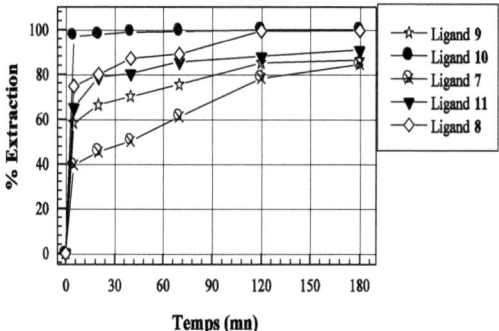

*Figure IV-18 : La cinétique de l'extraction de l'argent par les ligands **7-11**. [Ag(I)] = 0.1 mM dans HNO₃ 1M; [Ligands] = 1mM dans CH₂Cl₂., Vitesse d'agitation = 60 rpm.*

Les variations des coefficients de distribution en fonction de la concentration en ligand ont été étudiées dans le but de déterminer la stœchiométrie du complexe formé. Ces variations sont linéaires, de pente égale à 1, ce qui indiquent que le complexe extrait est probablement de stoechiométrie (métal : ligand) 1 : 1. Les constantes d'extraction sont déterminées graphiquement à partir des équations de régression des courbes données par la figure IV-19, elles sont données par le tableau IV-8.

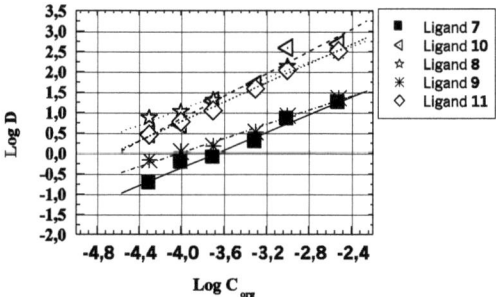

Figure IV-19: Variation du logarithme du coefficient de distribution (log D) en fonction de la concentration en ligand. Phase aqueuse : Ag(I) :0.1 mM dans HNO₃ 1 M, phase organique : Ligand 7- 11 dans le dichlorométhane.

Tableau IV-8 : Stœchiométrie des complexes formés et les constantes d'extraction de l'argent par les ligands 7-11.

N° ligand	Pente	Composition du complexe	*Log K*$_{ex}$
Ligand **7**	1,0851	(1:1)	3,9796
Ligand **8**	0,9694	(1 :1)	4,9496
Ligand **9**	0,8644	(1 :1)	3,4747
Ligand **10**	1,3792	(1 :1)	6,3628
Ligand **11**	1,1880	(1 :1)	5,5296

IV. 5. Extraction de l'or par les calix[4]arènes fonctionnalisés par des groupements azo

IV. 5. 1. Effet des groupements fonctionnels sur le procédé d'extraction de l'or

Nous avons étudié l'extraction de l'or à l'aide d'une série de calix[4]arènes substitués au bord supérieur par des groupements azo, il s'agit de   p-(4-n-butylphenylazo)calix[4]arène (Ligand **13**), le p-(4phenylazophenylazo) calix[4]-arène (Ligand**14**), le p-(4-acetanilidazo)calix[4]arène (Ligand **15**), et le p-(N-2-thiazol-2-sulphanylazo) calix[4]arène (Ligand **16**). Ces ligands sont plus ou moins mobiles de par la rotation des noyaux aromatiques porteurs des groupements fonctionnels.

L'extraction de l'or par les ligands portant des groupements azo a été effectuée à partir des phases aqueuses contenant 0.1 mM Au(III) dans 1 M HCl et des phases organiques chargées par des ligands à la concentration 1mM . Les résultats trouvés (figure IV-20) montrent que le ligand **16** extrait l'or à 94.12%. Ce résultat peut être expliqué par le fait qu'en milieu très acide, comme Il a été démontré pour les calix[6]arènes, les ligands porteurs des atomes de soufre sur les groupements fonctionnels ont une grande affinité pour l'or. L'ordre d'extraction est :

Ligand 16 > Ligand14 > Ligand 15 > Ligand 13

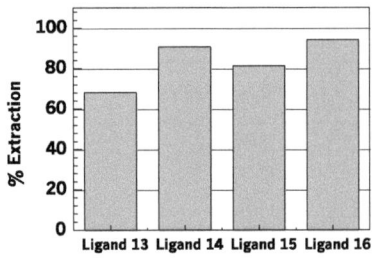

Figure IV-20: Profil d'extraction de l'or par les azocalix[4]arènes

IV. 5. 2. Extraction compétitive de l'or en présence de quelques métaux de transition par les azocalix[4]arènes

L'approche expérimentale consiste à suivre l'évolution du procédé d'extraction de l'or et quelques métaux de transition, tels que Ni(II), Co(II), Fe(III), Pb(II), Cu(II) et Zn(II). Ces ions métalliques sont présents en solution aqueuse à la concentration de 0.1 mM. Les résultats expérimentaux sont illustrés par la figure IV-21.

L'étude de l'extraction de l'or en utilisant les azocalix[4]arènes a montré qu'ils ont un pouvoir extracteur très élevé à des valeurs de pH inférieur à 2. Les pourcentages d'extraction des ions métalliques sont représentés sur le tableau IV-9.

Compte tenu des résultats obtenus, nous pouvons dire que ces ligands ne sont pas sélectifs à l'or. Par exemple, le ligand **16** coextrait l'or à 94,36 %, Fe(III) à 51,11%,

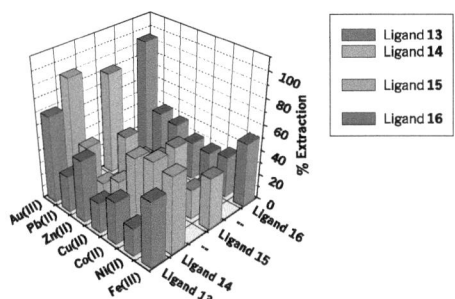

Figure IV-21: Extraction compétitive de l'or en présence de quelques métaux de transition par les azocalixarènes. Phase aqueuse : Fe(III) = 2 mM + M; M = 0.1mmol [M = Zn(II), Ni(II), Pb(II) , Fe(III), Co(II), Au(III)] dans 1M HCl; Phase organique: 1 mM ligand correspondant dissout dans le dichlorométhane.

Pb(II) à 41,53 % et Zn(II) à 38,33 %. La longueur de la chaîne des groupements fonctionnels probablement a joué un rôle défavorable envers une extraction sélective de l'or. Nous pouvons attribuer ces résultats au fait que les ions métalliques interagissent simultanément avec tous les sites donneurs du azocalixarène. Il apparaît que l'affinité des ces ligands pour l'or et les ions métalliques est due principalement à l'interaction électrostatique entre les atomes d'oxygène, soufre, azote des groupements fonctionnels et les cations étudiés. Dans ce cas, le vide infra exercé par la cavité calixarérique pour une extraction sélective de l'or est faible. Les pourcentages d'extraction calculés sont donnés par le tableau IV-9.

Au vu des résultats obtenus en matière de sélectivité de l'or par rapport aux autres ions métalliques présents, nous n'avons pas jugé utile de poursuivre notre étude pour déterminer les différents paramètres qui influent sur le procédé d'extraction.

Tableau IV-9: Extraction compétitive de l'or par les azocalixarènes en présence de quelques métaux de transition. Phase aqueuse : Fe(III) = 2 mM + M; M = 0.1mmol [M = Zn(II), Ni(II), Pb(II) , Fe(III), Co(II), Au(III)] dans 1M HCl; Phase organique: 1 mM ligand correspondant dissout dans le dichlorométhane.

Ions	Pourcentage d'extraction (%)			
	Ligand **13**	Ligand **14**	Ligand **15**	Ligand **16**
Fe(III)	50,71	60,13	40,89	51,11
Ni(II)	21,62	62,89	23,22	32,87
Co(II)	33,04	57,94	49,90	28,86
Cu(II)	23,78	31,61	34,10	30,29
Zn(II)	49,071	22,37	27,129	38,33
Pb(II)	28,64	43,53	36,46	41,53
Au(III)	68,56	90,83	81,33	94,36

IV. 6. Extraction de l'or par les calix[4]arènes fonctionnalisés par un pont éthercouronne

Quatre dérivés de calix[4]arène bis-couronne ont été utilisés comme extractants spécifiques. Il s'agit de bis-couronne-6 calix[4]arène (ligand **17**), le 25,27-Bis(1-propyloxy) couronne-6 calix[4]arène 1, 3- alternée (ligand **18**), le 25,27-Bis(1-octyloxy) couronne-6 calix[4]arène 1, 3-aternée (ligand **19**) et le 25,27-Bis[l-(8-((2-nitropbenyl)oxy)octyl)oxy] couronne-6 calix[4]arène 1,3-alternée (ligand **20**). Ces molécules se sont révélées relativement flexibles, adoptant préférentiellement la conformation cône 1, 3 alterné mise en évidence par résonance magnétique nucléaire (page 115).

Afin d'examiner l'influence de la couronne sur l'affinité et la sélectivité de l'extraction de l'or en présence de quelques ions métalliques, nous avons évalué le pouvoir extracteur des ligands **17, 18, 19** et **20** portant un pont éther couronne à 6 atomes d'oxygène.

Une phase aqueuse contenant sept cations métalliques ([Fe(III)]=2mM, [Cu(II)] = [Co(II)] = [Zn(II)] = [Pb(II)] = [Au(III)]= 0,1mM dans HCl 1M) est mise en contact avec une phase organique contenant respectivement, les ligands **17**, **18**, **19** et **20** à la concentration 1 mM. Les pourcentages d'extraction %E pour chaque métal ont été déterminés. Le ligand **19** portant un groupement octyloxy plus volumineux s'est révélé le moins efficace pour la complexation de l'or. Par contre le ligand **17** présente les meilleures propriétés complexantes et la plus grande sélectivité dans la série des ions métalliques étudiés en faveur de l'or , ceci peut être expliqué par la présence des deux éthers couronne greffées de part et d'autre du calixarène. En revanche, les ligands **18** et **19** présentent presque le même ordre et affinité pour les cations Au(III), Pb(II) , Zn(II), Cu(II)

La figure IV-22 montre l'ordre de la sélectivité d'extraction compétitive des cations étudiés :

Au(III) >> Co(II) > Ni(II)>Pb(II)> Zn(II) >Cu(II)> Fe(III) avec le ligand **17**

Au(III)>> Pb(II) > Zn(II)> Cu(II)> Ni(II) > Co(II)> Fe(III) avec le ligand **18**

Au(III)>> Pb(II) > Zn(II)> Cu(II)> Co(II)> Ni(II) > Fe(III) avec le ligand **19**

Au(III) >> Ni(II)> Pb(II)> Zn(II) >Cu(II)> Co(II) > Fe(III) avec le ligand **20**

Cette sélectivité d'extraction compétitive est en faveur de l'or par rapport aux autres cations. Hormis celui de l'or, tous les autres pourcentages d'extractions obtenus sont inférieurs à 14%..

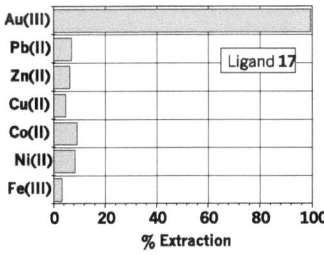 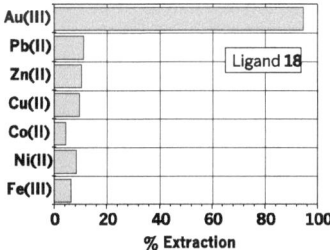

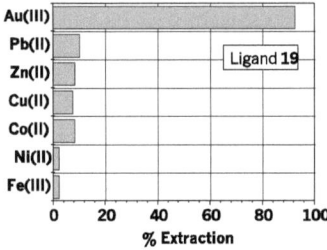 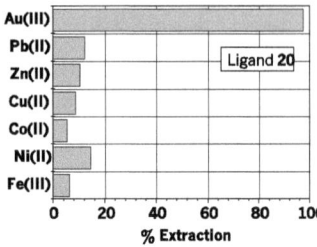

Figure IV-22: Extraction compétitive de l'or par les ligands 17-20 portant un pont éther couronne à 6 atomes d'oxygène en présence de quelques métaux de transition. Phase aqueuse: Fe(III) = 2 mM + M; M = 0.1mmol [M = Zn(II), Ni(II), Pb(II) , Fe(III), Co(II), Au(III)] dans 1M HCl; Phase organique: 1 mM ligand correspondant dissout dans le dichlorométhane

IV. 7. Extraction de l'argent par les calix[4]arènes fonctionnalisés par un pont éther couronne

IV. 7. 1. Effet du temps d'agitation sur le pourcentage d'extraction de l'argent

L'étude expérimentale de la cinétique d'extraction de l'argent a été réalisée en utilisant les ligands **17** et **20** et des solutions aqueuses de 0,1mmol/l d'argent en milieu HNO₃ 1M. Le choix de milieu est motivé par le fait qu'en milieu acide (0.1 1M HCl), les ions Ag(I) précipitent sous forme de chlorure d'argent. Le temps d'agitation varie entre 5 à 180 minutes, les résultats obtenus sont représentés par la figure IV-23. D'après ces résultats, on remarque que la cinétique d'extraction de l'argent est très rapide et que l'équilibre est atteint rapidement avec les deux ligands. Seulement, on constate que le ligand **17** extrait l'argent avec des valeurs plus élevés que le ligand **20**, ceci peut être du à l'effet conjugué des atomes d'oxygène et des deux ponts éther couronne présents sur le ligand **17**, créant ainsi, un potentiel important dans la cavité calixarénique

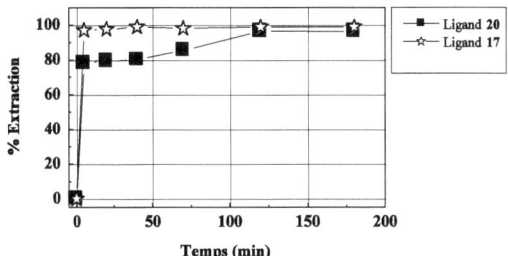

*Figure IV-23: La cinétique de l'extraction de l'argent par les ligands **17** et **20**. [Ag(I)] = 0.1 mM dans HNO₃ 1M; [Ligands] = 1mM dans CH₂Cl₂., Vitesse d'agitation = 60 rpm.*

IV. 7. 2. Effet de la concentration des ligands sur le pourcentage d'extraction de l'argent

L'étude de ce paramètre consiste à faire varier la concentration en ligand dans la phase organique et étudier l'extraction de l'argent par le ligand **17** et **20** à partir des solutions 1M d'acide nitrique contenant 0,1mM d'argent. Les résultats de la variation de la concentration du ligand en phase organique, illustrés par la figure IV-24, montrent que l'efficacité d'extraction de l'argent augmente avec l'accroissement de la concentration du ligand **17** et **20** jusqu'à une valeur de 1 mM où il y a apparition d'un palier de saturation correspondant à l'extraction maximale de l'argent de la phase aqueuse vers la phase organique. Les valeurs obtenues sont :

- Ligand **17** : 99,79%
- Ligand **20** : 98,69 %

L'analyse des résultats des courbes expérimentales log D en fonction de la concentration du ligand **17** et **20**, figure IV-25, confirme la formation d'un complexe dans la phase organique de stœchiométrie 1 :1 (métal : ligand), cela veut dire

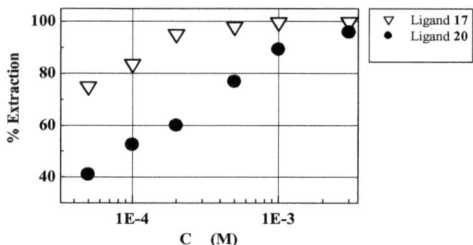

*Figure IV-24: Effet de la concentration des ligands **17** et **20** dans le dichlorométhane sur le pourcentage d'extraction d'argent ; [Ag(I)] = 0.1 mM dans HNO₃ 1M.*

il y a complexation d'un cation Ag(I) sur la couronne du calixarene. Connaissant la composition du ligand, nous pouvons déterminer les constantes d'extraction des ligands étudiés. Les valeurs des constantes d'extraction du ligand **17**et **20** sont respectivement égales à $\log K_{ex}$ = **4,94 ± 0.12 et 3,47 ± 0.21**

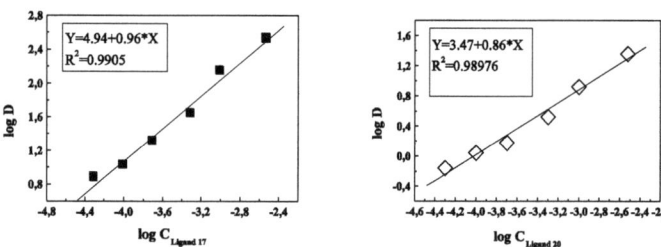

Figure IV-25: Effet de la concentration des ligands dans le dichlorométhane sur le pourcentage d'extraction d'argent. [Ag(I)] = 0.1 mM dans HNO₃ 1M.; (-+-) Ligand 17;   (-◊-) Ligand 20

Les graphes log D en fonction de log C_{org} pour l'extraction de l'argent à partir d'un milieu nitrate (1 M HNO3) sont des droites de pente égales à 1, ce qui indique que les complexes extraits sont probablement de stoechiométrie 1:1. Le mécanisme d'extraction proposé :

$$Ag^+_{aq} + LH_{2\,org} \rightleftharpoons AgLH_{org} + H^+_{aq}.$$

IV. 8. Extraction de l'or à l'aide des dérivés du thiacalix[4]arène

Les thiacalixarènes sont des oligomères cycliques possèdant des atomes de soufre sur la structure calixarénique. Le schéma de ces macrocycles est donné en (chapitre III. 1. 3). Les thiacalixarènes testés comme extactants sont :

- Sulfonate de sodium thiacalix[4]arène : thia-sulfonate(Ligand **21**)
- Acide acétique thiacalix[4]arène : thia- acide (Ligand **22**)
- Acétate d'éthyle thiacalix[4]arène : thia-ester (Ligand **23**)

Les essais d'extraction de l'or en milicu acidc par lcs dérivés dc thiacalixarène ont été étudiés dans l'intervalle de pH allant de 0 à 3.5. Toutes les expériences ont été effectuées à 298 K, Deux volumes égaux (5 ml) de la phase aqueuse et de la phase organique contenant respectivement 0.1 mM de Au(III) et 5 mM de dérivé thiacalixarène dissout dans le chlorofome ont été agités pendant 2 heures. Après centrifugation et séparation des deux phases, la concentration de l'or dans la phase aqueuse a été déterminée au moyen d'un spectrophotomètre d'absorption atomique.

Les pourcentages d'extraction de l'or par les ligands Thia-acide, Thia-ester et Thia-sulfonate sont donnés par le tableau Tableau IV-10.

La figure IV-26 montre l'effet du pH d'équilibre sur le pourcentage d'extraction de l'or par les dérivés de thiacalixarène. Le pH de la phase aqueuse a été mesuré avant et après extraction. Les pourcentages d'extractions obtenus restent faibles, iles varient entre 6 et 50%. Ce pendant, le ligand thia-sulfonate possède un pouvoir extracteur proche de celui du ligand Thia-acide dans le domaine du pH < 1. Au delà du pH > 2, l'ordre d'extraction de l'or par ces ligands est comme suit : Thia-sulfonate> Thia-ester > Thia-acide.

Tableau IV-10 : Effet du pH d'équilibre sur le pourcentage d'extraction de l'or par les dérivés de thiacalixarène

No Echantillon	Ligand	[Au(III)]$_{eq}$ (ppm)	[Au(III)]$_{ini}$ (ppm)	pH $_{eq}$	%E
1	THIA-ACIDE	18,513	23,15	0,54	20,05
2		18,650	23,10	0,79	40,91
3		17,420	22,22	1,84	21,63
4		16,218	23,43	3,3	30,78
5	THIA-ESTER	13,650	23,15	0.4	41,05
6		14,469	23,10	0.78	37,37
7		11,027	22,22	1.85	50,39
8		12,229	23,43	3.40	47,80
9	THIA-SULFONATE	12,280	23,10	0.821	47,40
10		17,366	22,22	1.8	21,87
11		21,901	23,43	3.16	6,530

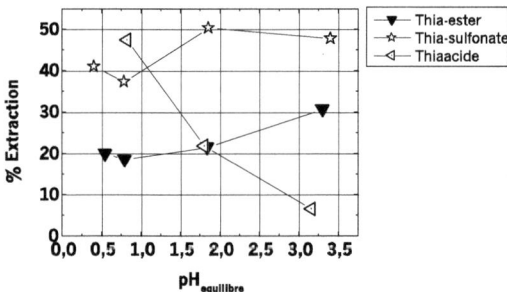

Figure IV-26: Effet du pH d'équilibre sur le pourcentage d'extraction de l'or par les dérivés de thiacalixarène, Phase organique : Thia-acide, Thia-ester, Thia-sulfonate, [C$_{org}$] = 5 mM, Au(III) = 0.1 mM. Temps d'agitation = 2 heures

La présence du soufre sur la couronne calixarènique n'a pas amélioré le pouvoir extracteur des thiacalixarènes. Au contraire, il semble que l'encombrement stérique résultant a perturbé l'interaction entre le ligand **23** et Au(III). Les faibles pourcentages obtenus peuvent être aussi expliqués par le fait que le procédé d'extraction à l'aide des thiacalix[4]arènes est influencé par l'augmentation de la concentration des ions Cl⁻ aux valeurs de pH très acide. Une autre hypothèse est attribuée à la faible taille de la cavité du thiacalix[4]arène. D'ailleurs, c'est l'une des raisons ayant motivé notre choix de s'orienter vers la synthèse des dérivés de calix[6]arène possédant une cavité plus large.

Conclusion

Conclusion générale

Les calixarènes sont des macrocycles ayant fait l'objet de nombreuses études dans le but de comprendre et d'optimiser leur étonnante sélectivité vis-à-vis de quelques ions métalliques en particulier les métaux de transition.

Les travaux présentés dans cette thèse s'inscrivent dans le cadre d'un programme de recherche concernant la synthèse et l'étude des propriétés complexantes et extractantes de nouveaux dérivés des calixarènes en vue de leur application à l'extraction sélective de l'or et de l'argent à partir d'un minerai aurifère de la région du Hoggar.

En premier lieu, nous avons sythétisé les calixarènes parents dénommés produits de départ, à savoir, le calix[4]arène, le calix[6]arène et le thiacalix[4]arène. Ces derniers ont été obtenus à l'échelle de quelques centaines de grammes. En effet, ces composés ont été greffés par des groupements fonctionnels dans le but d'augmenter leurs propriétés extractantes par un effet de préorganisation.

Nous avons synthétisé 23 dérivés des calixarènes présentant de grandes affinités soit pour l'or soit pour l'argent. Trois types de ces macrocycles ont été synthétisés, il s'agit :

- Des dérivés du calix[6]arène
- Des dérivés du calix[4]arène
- Des dérivés du thiacalix[4]arène

Un intérêt particulier a été accordé aux dérivés du calix[6]arène appartenant à une nouvelle classe de macromolécules possédant un pouvoir sélectif et extracteur très élevé en faveur de l'or.

Les dérivés du calix[6]arène synthétisés portant des groupements fonctionnels aniline amide, aniline thioamide et méthyl pyridine sont :

- Ligand **1** : (Aniline amide p-tert-butyl calix[6]arène)
- Ligand **2** : (Aniline amide p-tert-octyl calix[6]arène)
- Ligand **3** : (Aniline thioamide p- tert-butyl calix[6]arène)
- Ligand **4** : (Méthyl pyridique p-tert-octyl calix[6]arène)
- Ligand **5** : (Di-n-bythyl amide p-tert-butyl calix[6]arène)
- Ligand **6** : (Di-n-bythyl thioamide p- tert-butyl calix[6]arène)

Les dérivés du calix[4]arène portent sur le bord supérieur et inferieur les groupements fonctionnels acétamide et sulfamide amide, il s'agit :

- Ligand **7** : (toluene sulfamide p-tert-butyl calix[4]arène)
- Ligand **8** : (dichloroacétamide p-tert-octyl calix[4]arène)
- Ligand **9** : (methyl sulfamide tertra propoxy calix[4]arène)
- Ligand **10** : (dichloroacétamide tertra propoxy calix[4]arène)
- Ligand **11** : (toluene sulfamide tertra propoxy calix[4]arène)
- Ligand **12** : (Di-éthyl acétamide p- tert-butyl calix[6]arène)

Les derivés azo calix[4]arène :

- Ligand **13** : (n-butylphenylazo calix[4]arène)
- Ligand **14** : (phenylazoaniline calix[4]arène)
- Ligand **15** : (acetanilineazo calix[4]arène)
- Ligand **16** : (n- thiazol sulphanylazo calix[4]arène)

Les calix[4]arènes portant des ethers couronnes :

- Ligand **17** : (bis-couronne-6 calix[4]arène)
- Ligand **18** : (Bis(1-propyloxy) couronne-6 calix[4]arène)
- Ligand **19** : (Bis(1-octyloxy)couronne-6 calix[4]arène)
- Ligand **20** : (Bis(nitrotrophényl) couronne-6 calix[4]arène

Les thiacalix[4]arène

- Ligand **21** : (Acide acétique thiacalix[4]arène)

- Ligand **22** : (Acétate d'éthyle thiacalix[4]arène)
- Ligand **23** : (Sulfonate de sodium thiacalix[4]arène)

Les calixarènes synthétisés ont été caractérisés par les méthodes physico-chimiques suivantes :

La chromatographie sur couche mince, La résonance magnétique nucléaire proton 1H et 13 C, La spectroscopie infrarouge, la spectroscopie UV et la spectroscopie de masse.

Les paramètres physico-chimiques cités dans le processus de synthèse des ligands (chapitre III) ont été déterminés. Ces paramètres sont les raies caractéristiques des spectres : ^{1}H RMN, ^{13}C RMN, IR, masse et UV, la formule chimique, la masse moléculaire, nomenclature selon UIPAC, le rendement de la réaction de synthèse, le point de fusion.

Les rendements de synthèse des calixarènes sont estimés pour :

- Les dérivés du calix[6]arène : entre 68 et 90%.
- Les dérivés du calix[4]arène : entre 84 et 91%.
- Les dérivés azocalix[4]arènes : entre 55 et 72%
- Les dérivés ethers couronnes calix[4]arènes : entre 17 et 80%
- Les thiacalix[4]arènes : à 63%

Ces ligands ont été synthétisés aux fins de leur utilisation dans l'extraction sélective de l'or et de l'argent à partir des phases aqueuses. L'étude du comportement ces ligands dans un milieu très acide nous a permis de bien cibler les groupements fonctionnels qu'il faut greffer sur le calixarène parent pour augmenter leur pouvoir sélectif et extracteur.

Les essais d'extraction de l'or et d'argent effectués sur les ligands synthétisés montrent que :

- Les thiacalixarènes, possédant des atomes de soufre sur la structure calixarénique ont une très faible affinité pour l'or, les pourcentages d'extraction trouvés sont inférieurs à 50%.

- les calix[4]arènes porteurs des groupements fonctionnels au bord supérieur ont la caractéristique d'extraire l'or à des pourcentages élevés par rapport à ceux greffés au bord inférieur. Ces macrocycles présentent une meilleure sélectivité en faveur de l'or par rapport aux autres ions métalliques étudiés. Ce pendant, les taux d'extraction restent faibles par rapport à ceux obtenus avec les calix[6]arènes. L'abaissement du pouvoir extractant est principalement lié à la taille de la cavité calixarénique. La taille de la cavité calixarénique est approximativement égale à 0.2 nm pour le calix[4]arène, par contre celle du calix[6]arène est estimée à 0.8 nm. La taille de la cavité du calix[6]arène est idéalement adaptée pour accueillir l'ion $AuCl_4^-$ qui a 0.57 nm de diamètre.

- Les taux d'extraction de l'argent d'un milieu nitrate (1M HNO_3) par les calix[4]arènes sont très élevés. La cinétique d'extraction est très rapide, l'équilibre est atteint au cours des premières minutes.

- Les calix[4]arènes fonctionnalisés par des groupements azo sont nettement moins efficaces que leurs homologues portant des groupements acétamide et sulfamides. La longueur de la chaîne des groupements fonctionnels a probablement joué un rôle défavorable à une extraction sélective de l'or. Nous pouvons attribuer ces résultats au fait que les ions métalliques interagissent simultanément avec tous les sites donneurs du azocalixarène. Il apparaît que l'affinité des ces ligands pour l'or et les ions métalliques est due principalement à l'interaction covalente entre les atomes d'oxygène, soufre et azote des groupements fonctionnels et les cations étudiés. Dans ce cas, le vide infra exercé par la cavité calixarérique pour une extraction sélective de l'or est faible.

- Les calix[4]arènes fonctionnalisés par des ponts éther couronne se sont révélés relativement flexibles, adoptant préférentiellement la conformation cône altenée mise en évidence par résonance magnétique nucléaire. Le ligand **17**, porteur de deux ponts présente une sélectivité remarquable en faveur de l'or par rapport aux mêmes types de ligands. Ceci peut être due à l'effet conjugué des atomes d'oxygène et des deux ponts éther couronne présents sur le ligand **17**, créant ainsi, un potentiel important dans la cavité calixarénique.

- Les calix[6]arènes fonctionnalisés par des groupements pyridine , acétamide et thioaniline peuvent extraire l'or à des pourcentages très élevés avec une sélectivité remarquable en faveur de l'or. Les coefficients de distribution et la concentration de la phase organique et de la phase aqueuse ont été déterminés.Un mécanisme d'extraction entre les différents ligands utilisés et les ions métalliques présents en solution a été proposé.

En tenant compte de la protonation des ligands à pH = 0, nous pouvons proposer le mécanisme suivant :

$$AuCl_4^- + 2\,L_{(org)} + H^+ \rightleftharpoons [AuCl_4^-\cdot L\cdot LH^+]_{org}$$

Les graphes log D en fonction de log C_{org} pour l'extraction de l'or à partir d'un milieu très acide sont des droites de pente égales à deux, ce qui indique que les complexes extraits sont probablement de stoechiométrie 1:2. A faible concentration en ligand et en présence d'un excès de métal, il en découle que la formation d'un complexe de stoechiométrie (1 :1) est favorisée, nous pouvons conclure que la stoechiométrie change en fonction de la concentration en métal dans la phase organique.

Pour l'extraction de l'argent à partir d'un milieu nitrate, le mécanisme proposé est :

$$Ag^+_{aq} + LH_{2\,org} \rightleftharpoons AgLH_{org} + H^+_{aq}.$$

Le procédé d'extraction liquide-liquide de l'or de la phase aqueuse vers la phase organique a été suivi par une réextraction du métal avec des solutions aqueuses qui permettent la récupération du métal et le recyclage de l'extractant de la phase organique pour une autre opération d'extraction. La réextraction de l'or est quantitative lorsque nous avons utilisé une solution de thiourée dissoute dans 1M HCl. L'or a été extrait avec un pourcentage d'efficacité de 99%. Le nombre de cycles des les ligands synthétisés (extraction-réextraction) est estimé à 10.

L'application analytique des dérivés du calix[6]arène à l'extraction de l'or à partir d'un minerai aurifère de la région du Hoggar a été réalisée, les pourcentages d'extraction des ions métalliques par les ligands **3** et **6** montrent que l'or est extrait à des pourcentages très élevés (99.9%) par rapport aux ions métalliques présents dans le minerai. L'élément le plus dominant dans la solution, à savoir le Fer, est extrait seulement à un faible pourcentage (0,921%) à l'instar des autres ions métalliques. Nous pouvons conclure que les ligands synthétisés possédant une cavité calixarénique assez large, n = 6, sont les plus performants et les plus sélectifs.

Références Bibliographiques

Références bibliographiques

[1]   C. D. Gutsche, "Calixarenes", J.F. Stoddart (Ed.), Monographs in Supramolecular Chemistry, Vol. 1, The *Royal Society of Chemistry*, Cambridge, UK, **1989**.

[2]   C. D. Gutsche, Vol. 6, Calixarenes Revisited, *the Royal Society of Chemistry*, Cambridge, UK, **1998**.

[3]   J. Vicens, V. Böhmer, "Calixarenes : A Versatile Class of Macrocyclic Compounds", J.E.D. Davies Ed., Topics in Inclusion Science, vol. 3, *Kluwer Academic Publishers,* Dordrecht, Germany, **1991**.

[4]   V. Böhmer, *Angew. Chem. Int. Ed. Engl.*, **1995**, 34, 713.

[5]   A. Pochini, R. Ungaro, J.L. Atwood, J.E.D. Davies, D.D. MacNicol,,Executive Eds, Comprehensive Supramolecular Chemistry, vol. 2, *Elsevier Science* Ltd., Oxford, UK, **1996**, p. 103.

[6]   C.D. Gutsche, L.J. Bauer, *J. Am. Chem. Soc.*, **1985**, 107, 6059.

[7]   T. Harada, S. Shinkai, *J. Chem. Soc., Perkin Trans. 2*, **1995**, 2231.

[8]   A. Asfari, V. Böhmer, J. Harrowfield, J. Vicens, *"Calixarenes 2001"*; Eds. Kluwer Acad. Publ., Dordrecht, Germany, **2001**.

[9]   G. J. Lumetta, R. D Rogers, Eds. *American Chemical Society*, Washington DC, USA, **1999**.

[10]   A. Arduini, A. Pochini, A. R. Sicuri, A. Secchi, R. Ungaro, *Gazz. Chim. Ital*, **1994**, 124, 129.

[11]   S. Shinkai, K. Araki, T. Tsubaki, T. Arimura, O. Manabe, *J. Chem. Soc., Perkin Trans. 1*, **1987**, 2297.

[12]   M.A Markowitz, V. Janout, D.G. Castner, S.L. Regen, *J. Am. Chem. Soc.*, **1989**, 111, 8192.

[13]   A. Marra, M.-C. Scherrmann, A. Dondoni, A. Casnati, P. Minari et R. Ungaro,, *Angew. Chem.* Int. *Ed. Eng.*, **1994**, 33, 2479.

[14] F. Sansone, S. Barboso, A. Casnati, M. Fabbi, A. Pochini, F. Ugozzoli, R. Ungaro, *Eur. J. Org. Chem,* **1998**, 897.

[15] A. Arduini, A. Pochini, S. Reverberi, R. Ungaro, *Tetrahedron,* **1986**, 42, 7.

[16] F. Arnaud-Neu, E.M. Collins, M. Deasy, G. Ferguson, S.J. Harris, B. Kaitner, A.J. Lough, M.A. McKervey, E. Marques, B.L. Ruhl, M.-J. Schwing-Weill, E.M. Seward, *J. Am. Chem. Soc.,* **1989**, 111, 8681.

[17] R. Abidi, J.M. Harrowfield, B.W. Skelton, A.H. White, Z. Asfari, J. Vicens, *J Incl. Phenom.,* **1997**, 27, 291.

[18] S.E.J. Bell, J.K. Brown, V.McKee, M.A. McKervey, J.F. Malone, M. O'Lcary, A. Walkcr, F. Arnaud-Ncu, O. Boulangcot, O. Mauprivcz, M.-J. Schwing-Weill, *J Org. Chem.,* **1998**, 63, 489.

[19] F. Amaud-Neu, M.-J. Schwing-Weill, K. Ziat, S. Cremin, S.J. Harris, M.A. McKervey, *New. J. Chem.,* **1991**, 15, 33.

[20] F. Arnaud-Neu, G. Barrett, S. Fanni, D. Mans, W. McGregor, M.A. McKervey, M.-J. Schwing-Weill, V. Vetrogon, S. Wechsler, *J. Chem. Soc., Perkin Trans. 2,* **1995**, 453.

[21] F. Arnaud-Neu, G. Barrett, S.J. Harris, M. Owens, M.A. McKervey, M.-J. Schwing-Weill, P. Schwinte, *Inorg. Chem.,* **1993**, 32, 2644.

[22] F.C.J.M. van Veggel, D.N. Reinhoudt, *Recyl. Trav. Chim. Pay-Bas,* **1996**, 114, 387.

[23] A.T. Yordanov, D.M. Roundhill, *New. J. Chem.,* **1996**, 20, 447.

[24] S. Pappalardo, L. Giunta, M. Foti, G. Ferguson, J.F. Gallagher, B. Kaitner, *J. Org. Chem.,* **1992**, 57, 2611.

[25] N. Sabbatini, M. Guardigli and 1. Manet, R. Ungaro, A. Casnati C. Fischer, R. Ziessel, G. Ulrich, *New J. Chem.,* **1995**, 19, 137.

[26] F. Amaud-Neu, G. Ferguson, S. Fuangswasdi, S. Pappalardo, A. Petringa, M.F. Parisi, J. Org. *Chem.,* **1998**, 63, 7770.

[27] M.S. Pefia, Y. Zhang, S. Thibodeaux, M.L. McLaughlin, A.M. de la Pefia, I.M. Warner, *Tetrahedron Lett.,* **1996**, 37, 5841.

[28] F. Unob, Z. Asfari, J. Vicens, *Tetrahedron Lett.,* **1998**, 39, 2951.

[29] P.D. Beer, Z. Chen, M. G. B. Drew, P.A. Gale, *J Chem. Soc., Chem Commun.,* **1994**, 2207.

[30] A. Casnati, A. Pochini, R. Ungaro, F. Ugozzoli, F.Arnaud, S. Fanni, M. J. Schwing, R.J. Egberink, F. de Jong, D.N. Reinhoudt, *J. Amer. Chem. Soc.* **1995**, 117, 2767.

[31] Y. Kubo, S. Hamaguchi, A. Nimi, K. Yoshida, S. Tokita, *J. Chem. Soc., Chem. Commun.* **1993**, 305.

[33] T. Jin, K. Monde, *J. Chem. Soc., Chem. Commun.* **1998**, 1357.

[34] K. Paek, H. Ihm, *Chem. Letters* **1996**, 311.

[35] K. Belhamel, M. Benamor, L. Takorabet et A. Casnati, *15th Internat. Cong. Chem. and Process Eng.*, Prague, Tchequie 25-29 August 2002, Proc. of CHISA **2002**, full text N° 0938.

[36] K. Belhamel, Nguyen N. T. Dzung, M. Benamor, R. Ludwig, *Eur. j. Inorg. Chem.,* **2003,** 22, 4110.

[37] K. Belhamel, N. T. K Dzung, M. Benamor, R. Ludwig, *Inter. Solv. Extra. Conf.,* South Africa 17-21 March 2002, Proc. ISEC, 307.

[38] C. Wieser-Jeunesse, D. Matt, M. R. Yaftian, M. Burgard, J. M. Harrowfield, *C.R. Acad. Sci. Paris, t.1, Sec. II c* **1998**, 479.

[39] K. Fujimoto, S. Shinkai, , *Tetrahedron. Lett.* **1994**, 35, 2915.

[40] A. Casnati, P. Minari, A. Pochini, R. Ungaro, *J. Chem. Soc.,* **1991**,19, 1413.

[41] S. J. Harris, G. Barret, M.A. McKervey, *J. Chem. Soc., Chem. Commun.* **1991**, 17, 1224.

[42] F. J. Parlecliet, A. Olivier, W. G. J. De Lange, P. C. J. Kamer, H. Koijman, A. L. Spek, P. W. N. van Leeuwen, *J. Chem. Soc., Chem. Commun.* **1996**, 583.

[43] A. T. Yordanov, J. T. Mague, D. M. Roundhill, *Inorg. Chem.* **1995**, 34, 5084.

[44]   X. Delaigue, J. M. Harrowfield, M. W. Hosseini, A. De Cian, J. Fischer, N. Kyritsakas, *J. Chem. Soc., Chem. Commun.* **1994**,13, 1579.

[45]   G. G. Talantova, H. –S. Hwang, V. S. Talantov, R. A. Bartsch, *J. Chem. Soc., Chem. Commun.* **1998**, 419.

[46]   T. Sone, Y. Ohba, K. Moriya, H. Kumada, K. Ito, *Tetrahedron* **1997**, 53, 10689.

[47]   O. M. Falana, H. F. Koch, D. M. Roundhill, G. L. Lumetta, B. P. Hay, *J. Chem. Soc., Chem. Commun.* **1998**, 503.

[48]   C. L. Raston, M. Makha, *Tetrahedron Lett.*, **2001**,42, 6215.

[49]   R. Fiammengo, P. Timmerman, F. Jong, D.N. Reinhoudt, *J. Chem. Soc., Chem. Commun.*, **2000**, 2313.

[50]   B. Tomapatanaget, T. Tuntulani, *Tetrahedron Lett.*, **2001**, 42, 8105.

[51]   D. Diamond, M. A. McKervey, *Chem. Soc. Rev.* **1996**, 15.

[52]   G. McMahon, S. O'Malley, K. Nolan, D. Diamond, *ARKIVOC*, **2003**, 23.

[53]   P. Kane, D. Fayne, D. Diamond, M. A. McKervey, *J. Mol. Mod.* **2000**, 6, 272.

[54]   C. Dieleman, S. Steyer ,C. Jeunesse, D. Matt, *J. Chem. Soc., Dalton Trans.*, **2001**, 2508.

[55]   A. Casnati, C. Fischer, M. Guardigli, A. Isernia, I. Manet, N. Sabbatini, R. Ungaro, *J. Chem. Soc., Perkin Trans. 2*, **1996**, 3, 395.

[56]   L. Takorabet, *Mémoire de Magister*, Départ. Génie de Proc. Univ. Bejaia, **2001**.

[57]   A E. Danil de Namor, R. G. Hutcherson, F. J. Sueros Verlarde, *J. Chem. Soc. Trans 1*, **1998**, 2933.

[58]   B. R. Cameron, S. J. Loeb, G. P. A. Yap, *Inorg. Chem.* **1997**, 36, 5498.

[59]   N. Psychogios, J. –B. Regnouf-de-Vains, *Tetrahedron Lett.*, **2002**,43, 77.

[60]   P. Shahgaldian, A. W. Colemana, V. I. Kalchenkob, *Tetrahedron Lett.*, **2001**, 42 577.

[61]   A. Arduini, M. Fabbi, M. Mantovani, L. Mirone, A. Pochini, A. Secchi, R. Ungaro, *J. Org. Chem.*, **1995**, 60, 1454.

[62]   A. Arduini, W.M. McGregor, D. Paganuzzi, A. Pochini, A. Secchi, F. Ugozzoli, R. Ungaro, *J. Chem. Soc., Perkin Trans. 2*, **1996**, 839.

[63]   P.J. Dijkstra, J.A.J. Brunink, K-E. Bugge, D.N. Reinhoudt, S. Harkema, R. Ungaro, F. Ugozzoli, E. Ghidini, *J. Am. Chem. Soc.*, **1989**, 111, 7567.

[64]   R. Ungaro, A. Casnati, F. Ugozzoli, A. Pochini, J.-F. Dozol, C. Hill, H. Rouquette, *Angew. Chem. Int. Ed. Engl.*,**1994**, 33, 1506.

[65]   A. Casnati, A. Pochini, R. Ungaro, F. Ugozzoli, F. Arnaud-Neu, S. Fanni, M.-J. SchwingWeill, R.J.M. Egberink, F. de Jong, D.N. Reinhoudt, *J. Am. Chem. Soc.*, **1995**, 117, 2767.

[66]   G. Wipff, M. Lauterbach, *Supramol. Chem.* **1995**, *6*, 187.

[67]   G. Montavon, G. Duplatre, Z. Asfari, J. Vicens, *New J. Chem.*, **1992**, 20, 1061.

[68]   R. Ludwig, *JAERI Review,* **1995**,22

[69]   R. Ludwig, *Fresenius' J. Anal., Chem.* **2000**, 367, 103.

[70]   R. Ludwig, H. Matsumoto, M. Takeshita, K. Ueda, S. Shinkai, *Supramol. Chem.* **1995**, *4*, 319.

[71]   R. Ludwig, K. Inoue, T. Yamato, *Solvent Extr Ion Exchange*, **1993**, 11, 311

[72]   R. Ludwig, S. Tachimori, T. Yamato, *Nukleonika*, **1998**, 43,161

[73]   R. Ludwig, K. Kunogi, T. D. K Nguyen, S. Tachimori, *J Chem Soc, Chem Commun,* **1997**, 1985.

[74]   T. D. K Nguyen, K. Kunogi, R. Ludwig, *Bull Chem.* Soc. Jpn., **1999**, 72, 1005

[75]   R. Ludwig, H. Matsumoto, M. Takeshita, K. Ueda, S. Shinkai, *Supramol Chem*, **1995**, 4, 319.

[76]   K. Ohto, M. Yano, K. Inoue, T. Yamamoto, M. Goto, S. Shinkai, *Anal. Scien.*, **1995**, 11.

[77]   H. Matsumiya, N. Iki1, S. Miyano, *Talanta,* **2004**, 62, 337.

[78]   P. Bühlmann, E. Pretsch, E. Bakker, *Chem. Rev.* **1998**, *98*, 1593.

[79]   T. Sakaki, T. Harada, Y. Kawahara, S. Shinkai, *J. Inclusion Phen. d Molec. Recogn. Chem.* **1994**, 17, 377

[80]   P. Parzuchowski, E. Malinowska, G. Rokicki, Z. Brzozka, V. Böhmer, F. Arnaud-Neu, B. Souley, *New J. Chem.* **1999**, 23, 757.

[81]   S. O'Neil, P. Kane, D. Diamond, *Analyt. Commun.* **1998**, *35*, 127.

[82]   L. Prodi, F. Bolletta, M. Montalti, A. Casnati, F. Sansone, R. Ungaro, *New J. Chem.* **2000**, *24*, 155.

[83]   H. F. Ji, R. Dabestani, G. M. Brown, **1999**, 70, 882.

[84]   Y. K. Agrawal, M. Sanyal, *J. Radioanal. Nucl. Chem.*, **1995**, 198, 2, 349.

[85]   E. Pinkhassik, I. Stibor, V. Havlicek, *Collect. Czech. Chem. Commun.* **1996**, 61, 1182.

[86]   H. Kämmerer, G. Happel, *Makromol. Chem.*, **1980**, 181, 2049

[87]   R. Ungaro, A. Pochini, G. D. Andreetti, *J. Incl. Phen. Molec. Recog. Chem.* **1984**, 2, 199.

[88]   R. Ludwig, N. T. K. Dzung. *Sensors* **2002**, *2*, 397.

[89]   S. Shinkai, O. Manabe, Y. Kondo, T. Yamamoto (Kanabo Ltd.), Calixarene Derivative as Uranium Adsorbent from Seawater", Jpn. Kaokai Tokkyo Koho. *JP* [87,136,242], **1987.**

[90]   Y. Kondo, T. Yamamoto, O. Manabe et S. Shinkai (Kanebo Ltd.), Adsorbents for the Recovery of Uranium from Seawater, JP [88,197,544], **1988**.

[91]   D. Diamond, *J. Incl. Phenom.,* **1994**, 14, 149.

[92]   D. Diamond, M.A. McKervey, *Chem. Soc. Rev.,* **1996**, 15.

[93]   O. Lutze, R. K. Meruva, A. R. Hower, M. E. Meyerhoff, *Fresenius J Anal Chem.,* **1999**, 364, 41

[94]   C. Bocchi, M. Careri, A. Casnati, G. Mori, *Anal. Chem.,* **1995**, 67, 4234.

[95]   S.J. Harris, J.M. Rooney et J.G. Woods (Loctite: Ireland Ltd.), Polymer-bound Calixarenes, *Eur. Pat. EP* 195,895, **1986.**

[96]   K. Odashima, K. Yagi, K. Tohda, Y. Umezawa, *Anal. Chem.,* **1993**, 65, 8, 1074.

[97]   K. Belhamel, M. Benamor, R. Ludwig, *Microchimica Acta*, in press.

[98] S. Sase, Y. Yoshimura (Hitachi Chemical Co. Ltd), Cyclic Phenol-formaldehyde Octamers", *Jp. Patent*, [85, 202, 113], **1985**.

[99] T. Okamura, Y. Yoshimura, "Electroless Copper Plating Solutions", *JP patent*, [86, 106, 775], **1986**.

[100] C. Hill, J. F. Dozol, V. Lamare, H. Rouquette, S. Eymard, R. Ungaro, A. Casnati, *J. Incl. Phenom.*, **1994**, 19, 399.

[101] J. F. Dozol, Z. Asfari, C. Hill, J. Vicens, Calix[4]arenas-bis-crown, Method for their preparation, and their use for selective extraction of Cesium and actinides, *Fr. Patent*, 2, 698, 362, **1994**.

[102] J. F. Dozol, H. Rouquette, R. Ungaro, A. Casnati, Preaparation of calix[4]arène crown ethers for selective extraction of Cesium and actinides from aqueous wastes. PCT Int, Appl. WO 94 24, 138, **1994**.

[103] A. W. Colemann, S. G. Bott, J. L. Atwood, *J. Incl. Phen.*, **1986**, 4, 247.

[104] G. D. Andreetti, R. Ungaro, A. Pochini, *J. Chem. Soc. Comm.*, **1979**, 1005.

[105] T. J. Haverlock, P. V. Bonnesen, R. A. Sachleben, B. A. Moyer, *J. Inclusion Phen. and Molec. Recognition in Chem.* **2000**, *36*, 21.

[106] R. Abidi, M. V. Baker, J. M. Harrowfield, W. R. Richmond, B. W. Skelton, A. Varnek, G. Wipff, *Inorg. Chim. Acta* **1996**, 246, 275.

[107] M. R. Yaftian, M. Burgard, C. Wieser, C. Dieleman , D. Matt, *Solvent Extraction Ion Exchange*, **1998**, 16, 1131.

[108] K. Ohto, H. Ota, K. Inoue, *Solvent Extraction Res. and Development, Jpn.*, **1997**, 4, 167.

[109] H. Deligöz, M. Yilmaz, *Solvent Extr. Ion Exch.*, **1995**, 13, 19.

[110] R. Ludwig , S. Tachimori, *Solv. Extrac. Res. Develop., Jpn.* **1996**, 3, 244

[111] K. Ohto , Y. Senba , N. Eguchi, T. Shinohara, K. Inoue, *Solv. Extrac.Res. Develop., Jpn.*, **1999**, 6, 101.

[112] B.G. Cox, H. Schneide, "Coordination and Transport Properties of Macrocyclic Compounds in Solution", Elsevier, Holland, **1992**,.

[113] E. Buncel, H.S. Shin, R.A.B. Bannard, J.G. Purdon, B.G. Cox, *Talanta*, **1984**, 31, 585.

[114] G.M. Lein, D.J. Cram, *J. Am. Chem. Soc.*, **1985**, 107, 448.

[115] H.K Frensdorff, *J. Am. Chem. Soc.*, **1971**, 93, 4684.

[116] Y. Takeda, H. Goto, *Bull. Chem. Soc. Jpn.*, **1979**, 52, 190.

[117] E. Buncel, H.S. Shin R. A. B. Bannard, J.G. Purdon, *Can. J. Chem.,* **1984**, 62, 926.

[118] G. Zuo, M. Muhammed, *Sep. Sci. Technol.*, **1990**, 25, 1785.

[119] C. E. Harland, Ion Exchange: Theory and Practice. *Royal Society of Chemistry, Cambridge, UK*, **1994**.

[120] J. D. Miller, C. A. Garcia, *Emerg. Sep. Tech. Met. fuels*, **1993**,34, 204.

[121] A. P. Paiva, *Sep. Scien. Tech.*, **1993**, 28, 947.

[122] S. Inokuma, K. Hasegawa, S. Sakai, J. Nishimura, *Chem. Lett. . Sep.,* **1994**, 9, 1729.

[123] M. Grote, R. Weskamp, U. Hueppe, A. Kettrup, *Anal. Chim. Acta*, **1988**, 207, 171.

[124] I. M. Gibalo, E. E. Rakovsky, A. N. Shkil, E . G. Rukhadze, *Zh. Neorg. Khim.*, **1982**, 27, 1005.

[125] W. L. Lin, P. L. Mattison, M. J. Virning, Henkel Corporation, *U. S. patent* 4, 814, 007, **1989**.

[126] R. A. Grant, V. A. Drake, in *Proc. ISEC 2002*, (Eds.) K. C. Sole, P. M. Cole, J. S. Preston, D. J. Robinsons, Melville, **2002**, 940.

[127] S. Martinez, A. M. Sastre, F. J. Alguacil, *Hydrometallurgy,* **2001**, 46, 205.

[128] S. Martinez, A. M. Sastre, F. J. Alguacil, *Hydrometallurgy,* **2001**, 52, 63.

[129] F. J. Alguacil, S. Martinez, A. M. Sastre, *J. Chem. Res. Synop.* **2001**, 384.

[130] R. Haddad, A. Kumar, F. J. Alguacil, A. M. Sastre, *Proc. ISEC 1999*, (Eds.) M. Cox, M. Hidalgo, M. Valientes, London, **2001**, 1155.

[131] M. S. D. Erosa, R. N. Mendoza, T. I. S. Medina, G. L. Lavine, M. Avila-Rodriguez, dans *Proc. ISEC 2002*, (Eds.) K. C. Sole, P.M. Cole, J. S. Preston, D. J. Robinsons, Melville, **2002**, 902.

[132] S. Martínez, P. Navarro, A. M. Sastre et F. J. Alguacil, *Hydrometallurgy,* **1996**, 43, 1.

[133] F. J. Alguacil, M. I. Martin, *Sep. Scie. techn.*, **2003**, 38, 2055.

[134] F. J. Alguacil, C. Caravaca, J. Mochón, A. Sastre, *Hydrometallurgy,* **1997**, 44, 359.

[135] K. Fukushi, K. Hiro, *J. Chromatogr.*, **1990**, 5, 281.

[136] S. Dong, Y. Wang, *Anal. Chim. Acta* **1988**, 212, 341.

[137] D. L. Tzeng, J. S. Shih, Y. C. Yeh, *Analyst,* **1987**, 112, 1413.

[138] A. Rani, S. Kumar, *Fresenius Z. Ana. -Chem.* **1987**, 328, 33.

[139] D. Siswanta, K. Nagatsuka, H. Yamada, *Anal. Chem.* **1996**, 68, 4166.

[140] H. Hisamoto, E. Nakagawa, K. Nagatsuka, Y. Abe, *Anal. Chem.* **1995,** 67, 1315.

[141] M. Oue, K. Kimura, T. Shono, *Anal. –Chim. Acta* **1987**, 194 ,293.

[142] E. Morosanova, Yu. A. Zolotov, N. M. Kuz'min, N. N. Sergeeva, *Zh. Anal. Khim.* **1987,** 42, 456.

[143] D. Huang, C. Zhu, J. Zhang, H. Lei, *Fenxi-Huaxue,* **1984,** 12, 89.

[144] Y. Hasegawa, T. Nakano, Y. Odori, Y. Ishikawa, *Bul. Chem. Soc. Jpn.* **1984,** 57, 8.

[145] K. Gloe, O. Heitzsch, H. Stephan, H. J. Buschmann, *Solv. –Ext. Res. Dev. Jpn.* **1994,** 130.

[146] V. V. Sukhan, A. Yu. Nazarenko, E. D. Velidchenko, *Khim, Tekhnol.* **1989,** 32, 57.

[147] G. A. Clark, R. M. Izatt, J. J. Christensen, *Sep. Scien. Technol.* **1983,** 18, 1473.

[148] D. Esevdic, H. Meider, *J. Nucl. Chem.,* **1977**, 39, 1403.

[149] M. Muroi, A. Hamaguchi, E. Sekido, *Anal-Sci.* **1986,** 2, 351.

[150] E. Sekido, K. Chayama, M. Muroi, *Talanta* **1985,** 32, 797.

[151] V. M. Abashkin, V. V. Yakshin, *Zh. Anal. Khim.* **1982,** 37, 1713.

[152] Y. Hasegawa, K. Suzuki, T. Sekine, *Chem. Lett.* **1981,** 8, 1075.

[153] G. S. Vasilikiotis, I. N. Papadoyannis, T. A. Kouimtzis, *Microchem. J.* **1984,** 29, 356.

[154] L. G. Shaidarova, M. A. Al-Gakhri, N. A. Ulakhovich, *Zh. Anal. Khim.* **1994,** 49, 501.

[155] M. K. O'Connor, G. Syehla, S. J. Harris, M. A. MacKervey, *Talanta,* **1992,** 39, 1549.

[156] M. K. O'Connor, G. Syehla, S. J. Harris, M. A. MacKervey, *Anal. Proc.,* **1993,** 30, 137.

[157] M. K. O'Connor, W. Henderson, D. W. M Arrigan, S. J. Harris, M. A McKervey, *, Electroanalysis,* **1997,** 9, 311.

[158] A. T. Yordanov , O. M. Falana, H. F. Koch, D. M. Roundhill , *Inorg Chem.,* **1997,** 36, 6468.

[159] P. D. Beer, P. A. Gale, G. Z. Chen, *J. Chem Soc, Dalton Trans.,* **1999,** 1897.

[160] P. D.Beer, *J Chem Soc, Chem Commun,* 1996, 689.

[161] J. L. Atwood, K. T. Holman, J. W. Steed, *Chem. Commun.,* **1996,**1401.

[162] I. Stibor, D. S. M. Hafeed, P. Lhotak, *Gazz. Chim. Ital.,* **1997**, 127, 673.

[163] P. A. Gale, J. L. Sessler, V. Král, *J Chem Soc*, **1998**,1.

[164] A. F. D. de Namor, R. M. Cleverly, M. L. Zapata-Ormachea, *Chem. Rev.*, **1998**, 2495.

[165] N. J. van der Veen, R. J. M. Egberink, J. R. J. Engbersen ,D. N. Reinhoudt, *J. Chem Soc, Chem Commun.*, **1999**, 681.

[166] K. Kimura, K. Tatsumi, M. Yokoyama, *Chem Lett.*, **1998**, 833.

[167] D. Couton, M. Mocerino, C. Rapley, C. Kitamura, A. Yoneda, M. Ouchi, *Aust. J. Chem.*, **1999**, 52, 227.

[168] K. M. O'Connor , G. Svehla, S. J. Harris, M. A. McKervey, *Talanta*, **1992**, 39, 1549.

[169] K. M. O'Connor, G. Svehla, S. J. Harris, M. A. McKervey, *Analyt Proc.* **1993**, 30, 137.

[170] K. Ohto, E. Murakami, K. Shiratsuchi, K. Inoue, M. Iwasaki, *Chem Lett.* **1996**, 173.

[171] K. Ohto, E. Murakami, T. Shinohara, K. Shiratsuchi , K. Inoue, M. Iwasaki, *Analyt. Chimica Acta*, **1997**, 341, 275.

[172] K. Ohto, H. Yamaga, E. Murakami, K. Inoue, *Talanta,* **1997**, 44, 1123.

[173] M. R. Yaftian, M. Burgard, A. El Bachiri, D. Matt, C. Wieser, C. Dieleman, *J. Inc. Phen. Molec. Recogn. Chem.*, **1997**, 29, 137.

[174] F. Arnaud-Neu, G. Barrett, D. Corry , S. Cremin, G. Ferguson , J. F. Gallagher, S. J. Harris, M. A. McKervey , M. J. Schwing-Weill, *J Chem. Soc., Perkin Trans.* **1997**, 2 575.

[175] A. T. Yordanov, D. M. Roundhill, J. T. Mague, *Inorg Chim Acta,* **1996**, 250, 295.

[176] A. F. D. Namor , M. L. Zapata-Ormachea, R. G. Hutcherson, *J. Phys. Chem.*, **1998**, 102, 7839.

[177] A. F. D. Namor , M. L. Zapata-Ormachea, R. G. Hutcherson, *J. Phys. Chem.*, **1999**, 366.

[178] T. Ikeda, T. Tsudera, S. Shinkai, *J. Org. Chem.*, **1997**, 62, 3568.

[179] H. Deligöz, M. Yilmaz, *Solv. Extrac. Ion Exch.*, **1995**, 13, 19.

[180] S. K. Sarkar, NMR Spectroscopy and its Application to Biomedical Research, *Elsevier Science, Amsterdam,* Netherlands, **1996.**

[181] M. D. Bruch, "NMR Spectroscopy Techniques", *Marcel Dekker Inc., New York, NY, USA,* **1996.**

[182] H. Guenther, "NMR Spectroscopy - Basic Principles, Concepts and Applications in Chemistry". *John Wiley and Sons Ltd., Chichester, W. Sussex*, UK, **1995.**

[183] A. Preiss, U. Lewin, L. Wennrich, M. Findeisen, Z. Efer, *Fresenius J. Anal. Chem.*, **1997**, 357, 6, 676.

[184] N. Beckmann, Carbon-13 NMR Spectroscopy of Biological Systems., *Academic Press Ltd., London, UK*, **1995.**

[185] H. Guenther, NMR Spectroscopy, *John Wiley and Sons Ltd., Chichester, W. Sussex, UK*, **1994.**

[186] J. K. M. Sanders, B. K. Hunter, Modern NMR Spectroscopy: A Guide for Chemists, *Oxford University Press Inc., New York, NY, USA*, **1993.**

[187] J. W. Akitt, NMR and Chemistry: An introduction to modern NMR spectroscopy, *Chapman and Hall Ltd., London, UK*, **1992.**

[188] H. O. Kalinowski, S. Berger, S. Braun, Carbon-13 NMR Spectroscopy, *Wiley, Chichester, Sussex, UK,* **1988.**

[189] L. Kraus, A. Koch, S. Kuhn Hofstetter, Thin-layer chromatography, *Springer-Verlag, Berlin, Germany*, **1996.**

[190] J. Sherma, B. Fried, Handbook of Thin-Layer Chromatography, *Marcel Dekker Inc., New York, NY, USA*, **1996.**

[191] J. C. Touchstone, D. Rogers, Thin Layer Chromatography, *John Wiley and Sons, Chichester, Sussex, UK.*, **1980.**

[192] S. Iskric, B. Kojic-Prodic, B. Spoljar, Identification of some complexes of humic-like model complexants and metal-loaded sorbents in thin-layer chromatography. *Fresenius Z. Anal. Chem.* **1997**, 357, 897.

[193] American-Society-for-Testing-and-Materials,Test methods for determination of relative viscosity, melting point and moisture content of polyamide, *ASTM Standard*, D 789-91, **1991.**

[194] E. de Hoffman, J. Charette, V. Stroobant, Mass Spectrometry: Principles and Applications. *John Wiley and Sons Ltd., Chichester, W. Sussex, UK*, **1996.**

[195] K. Linnemayr, G. Allmaier, *Eur.. Mass. Spectrom.*, **1997**, 3, 141.

[196]   E. Pinkhassik, I. Stibor, V. Havlicek, *Collect. Czech. Chem. Commun.* **1996**, 61, 1182.

[197] Z. Marczenko, Separation and Spectrophotometric Determination of Elements, *Horwood, Chichester, Sussex, UK*, **1986.**

[198] I. Nemcova, L. Cermakova, J. Gasparic, Spectrophotometric reactions, *Marcel Dekker Inc., New York, NY, USA*, **1996.**

[199] L. Sommer, Analytical absorption spectrophotometry in visible and ultraviolet: The principales, *Elsevier Science BV, Amsterdam New York*, **1989**.

[200] Lauri H. I. Lajunen, Spectrochemical analysis by atomic absorption and emission, *Royal Society of Chemistry, Cambridge, UK*, **1992**.

[201] J. Sneddon, Advances in Atomic Spectroscopy, *JAI Press Inc., Greenwich, CT, USA*, **1992**.

[202] J. W. Robinson, Atomic Spectroscopy. *Marcel Dekker, New York, USA*, **1990.**

[203] J. Sneddon, Sample Introduction in Atomic Spectroscopy, *Elsevier, Amsterdam, Netherlands*, **1990**.

[204] E. M. Tatyankina, *Zh. Anal. Khim.* **1996**, 51, 498.

[205] P. Kosturkova, S. Aleksandrov, N. Pancheva, *Anal. Lab.* **1995**, 4,108.

[206] W. J. Shao, *Guang. Yu. Guangpu. Fenx.*, 1994, 14, 105.

[207] K. Pyrzynska, *Talanta,* **1994,** 41, 381.

[208] H. Hu, *Lihua. Jianyan. Huaxue. Fence*, **1989**, 25, 353.

[209] J. Wang, Z. Wang, *Lihua. Jianyan, Huaxue. Fence,* **1987**, 23,146.

[210] K. Patel, K. H. Lieser, *Fresenius. Z. Anal. Chem.,* **1986**, 323, 494.

[211] K. J. Powell, *The IUPAC Stability Constants Database*, Academic Software, **2000**.

[212] L. Kisova, *Scr Fac. Sci. Nat. Univ. Purkynianae Brun.* **1975**, 5, 53.

[213] H. Kuura, M. Tamme, U. Haldna, *Reak. Sposob. Org. Soedin.***1971**, 8, 1201.

Liste des abréviations

IUPAC : Union Internationale de Chimie Pure et Appliquée.

RMN : résonance magnétique nucléaire.

SAA : Spectrophotométrie d'absorption atomique :

IR : Spectroscopie Infra rouge.

UV : Spectroscopie UV visible.

MS : Spectroscopie de masse.

ε : Coefficient d'extinction moléculaire.

$[M]_{org}$: concentration du métal dans la phase organique.

$[M]_{aq}$: concentration du métal dans la phase aqueuse.

D_M : Coefficient de distribution.

K_{ex} : Constante d'extraction.

$E°$: potentiel standard.

TBP : tributyle phosphate.

s : constante d'écran

CCM : La chromatographie sur couche mince.

R_f : Rapport frontal.

% E : Pourcentage d'extraction.

Ligand **1** : (Aniline amide p-tert-butyl calix[6]arène).

Ligand **2** : (Aniline amide p-tert-octyl calix[6]arène).

Ligand **3** : (Aniline thioamide p- tert-butyl calix[6]arène).

Ligand **4** : (Méthyl pyridique p-tert-octyl calix[6]arène).

Ligand **5** : (Di-n-bythyl amide p-tert-butyl calix[6]arène).

Ligand **6** : (Di-n-bythyl thioamide p- tert-butyl calix[6]arène).

Ligand **7** : (toluene sulfamide p-tert-butyl calix[4]arène).

Ligand **8** : (dichloroacétamide p-tert-octyl calix[4]arène).

Ligand **9** : (methyl sulfamide tertra propoxy calix[4]arène).

Ligand **10** : (dichloroacétamide tertra propoxy calix[4]arène).

Ligand **11** : (toluene sulfamide tertra propoxy calix[4]arène).

Ligand **12** : (Di-éthyl acétamide p- tert-butyl calix[6]arène).

Ligand **17** : (bis-couronne-6 calix[4]arène).

Ligand **18** : (Bis(1-propyloxy) couronne-6 calix[4]arène).

Ligand **19** : (Bis(1-octyloxy)couronne-6 calix[4]arène).

Ligand **20** : (Bis(nitrotrophényl) couronne-6 calix[4]arène.

Ligand **21** : (Acide acétique thiacalix[4]arène).

Ligand **22** : (Acétate d'éthyle thiacalix[4]arène).

Ligand **23** : (Sulfonate de sodium thiacalix[4]arène).

Summary

23 macrocyclic ligands were designed according to the principle of ion recognition, synthesized and tested in their capability to extract noble metal ions, especially Au(III). Different from many other complexants which require ligand exchange prior to complexation, the reported ligands bind the complex ions [AuCl$_3$] and [AuCl$_4$]$^-$. With a sufficiently sized macrocyclic cavity, hydrophobic calixarenes derivatized at the lower rim were employed for that purpose. Their ligating functionalities contain pyridino, amide or thioamide groups in order to achieve electron donor- acceptor and electrostatic host-guest interactions. We show the synthesis route and results on extraction, selectivity, kinetics and backextraction. Quantitative extraction from hydrochloric acid solutions was achieved as well as over 99% recovery in backextraction in one step each. Data on the selectivity over base metals, which are representative for the matrix in gold ores are provided. The ligands are powerful extractants for Au(III), but environmentally friendly because they can be recycled many times.

Taking into account the ligand protonation, we can derive the following extraction equation for gold:

$$AuCl_4^- + 2\,L_{(org)} + H^+ \; \rightleftharpoons \; [AuCl_4^-\cdot L\cdot LH^+]_{org}$$

and for silver :

$$Ag^+_{\,aq} + LH_{2\,org} \; \rightleftharpoons \; AgLH_{\,org} + H^+_{\,aq.}$$

Key words : macrocyclic ligands / host-guest systems / calixarenes / gold / silver/ solvent extraction

Résumé

Au terme de ce travail, nous avons synthétisé 23 dérivés des calixarènes présentant de grandes affinités soit pour l'or soit pour l'argent. Un intérêt particulier a été accordé aux dérivés du calix[6]arène appartenant à une nouvelle classe de macromolécules possédant un pouvoir sélectif et extracteur très élevé en faveur de l'or.

Les essais d'extraction de l'or et de l'argent effectués sur les ligands synthétisés montrent que :

- Les thiacalixarènes, possédant des atomes de soufre sur la structure calixarénique ont une très faible affinité pour l'or, les pourcentages d'extraction trouvés sont inférieurs à 50%.

- Les calix[6]arènes porteurs des groupements fonctionnels au bord inférieur ont la caractéristique d'extraire l'or à des pourcentages élevés. Ces macrocycles présentent une meilleure sélectivité en faveur de l'or par rapport aux autres ions métalliques étudiés.

- Les taux d'extraction de l'argent d'un milieu nitrate (1M HNO_3) par les calix[4]arènes sont très élevés. La cinétique d'extraction est très rapide, l'équilibre est atteint au cours des premières minutes.

- Les calix[4]arènes fonctionnalisés par des groupements azo sont nettement moins efficaces que leurs homologues portant des groupements acétamide et sulfamides. La longueur de la chaîne des groupements fonctionnels a probablement joué un rôle défavorable à une extraction sélective de l'or.

En tenant compte de la protonation des ligands à pH = 0, nous pouvons proposer le mécanisme suivant pour l'or :

$$AuCl_4^- + 2\ L_{(org)} + H^+ \rightleftharpoons [AuCl_4^- \cdot L \cdot LH^+]_{org}$$

Pour l'extraction de l'argent à partir d'un milieu nitrate, le mécanisme proposé est :

$$Ag^+_{aq} + LH_{2\ org} \rightleftharpoons AgLH_{org} + H^+_{aq}.$$

L'application analytique des dérivés du calix[6]arène à l'extraction de l'or à partir d'un minerai aurifère de la région du Hoggar a été réalisée, les pourcentages d'extraction des ions métalliques par les ligands 3 et 6 montrent que l'or est extrait à des pourcentages très élevés (99.9%) par rapport aux ions métalliques présents dans le minerai.

Mots clés : or / argent/ calixarènes/ extraction / minerai aurifère/ synthèse/ caratérisation

خـلاصـة

في هـذه الـدراسة, تـم اصطنـاع 23 جزيئـة ضخمـة مـن نـوع كاليكسـاران تـتميز بخاصيـة تكـوين مـركبات مـع الـذهب و الـفـضـة. تـلعب هـذه الجزيئـات دورا هـامـا في انتقائيـة الـذهب مـن المعـادن لا سيما كاليكساران(6)، حيث تشكل أقنية بامكانها ان تأوي جزيئـات الذهب. تزداد قابلية استقرار هذه المركبات في وسط حمضي عالي التركيز.

تتوقف النسبة المئوية لاستخراج الـذهب و الفضة على التماكب التكويني الاميــدي والتيواميــدي المثبــت علــى الكاليكسـاران(6).

لقد تم اقتراح التفاعل الكيميائي التالي لاستخراج الذهب:

$$AuCl_4^- + 2 L_{(org)} + H^+ \rightleftharpoons [AuCl_4^- \cdot L \cdot LH^+]_{org}$$

كما اقترح التفاعل الكيميائي التالي لاستخراج الفضة:

$$Ag^+_{aq} + LH_{2\,org} \rightleftharpoons AgLH_{org} + H^+_{aq}.$$

كلمات مفاتيح: معدن الذهب و الفضة / كاليكساران/ اصطنـاع/ استخراج/ تشخيص.

Printed by Books on Demand GmbH, Norderstedt / Germany